재생가능 에너지

과학나눔연구회 정해상 편저

일진사

머 리 말

에너지라고 하면 우리는 우선 무엇부터 생각하게 될까? 사람에 따라 다르겠지만 학생 때 물리시간에 배운 위치 에너지, 운동 에너지, 열 에너지 같은 문제를 떠올리는 사람도 있을 것이고, 혹은 1970년대의 오일 쇼크를, 혹은 요즈음 신문이나 잡지, TV 등에서 빈번하게 다루고 있는 지구 온난화 기사를 통하여 화석 에너지의 매장량이라든가 태양 에너지, 풍력 에너지 등의 신 에너지 활용 등을 생각하게 될지도 모르겠다.

하지만 에너지란 당연히 있어야 하는 것이고 쉽게 얻을 수 있는 것이라고 안일하게 생각하는 사람도 많은 것이 사실이다. 환경문제가 우리의 생활과 직결된 초미의 과제로 부각된 차제에 에너지 문제를 되짚어 보는 것은 매우 뜻있는 일이라 생각된다.

이 책에서는 새로운 에너지, 특히 환경에 친화적인 자연 에너지를 다루기로 하겠다. 개발 현상에 관해서는 전문가들이 자세하게 해설한 통계와 유인물들이 많으므로 그에 미루기로 하고, 여기서는 독자 여러분들과 차분하게 장차 대처해야 할 에너지 문제를 다루기로 하겠다.

우선, 신 에너지와 재생 가능 에너지란 무엇을 말하는가? 이에 답하기 전에 우리나라 에너지 공급의 현실을 보자.

충분한 에너지 자원을 소유하지 못한 우리나라는 석유, 석탄, 천연가스, 원자력, 수력, 기타 여러 가지 에너지가 사용되고 있지만 (에너지원의 다양화) 전 사용량의 80 % 이상은 석유, 석탄, 및 천연가스 등의 화석연료이다. 화석연료는 매장에 한계가 있어 쓰면 당연히 줄게 마련이고, 또 사용에 따라 지구 온난화의 원인이 되는 이산화탄소가 발생한다.

그렇다면 써도 줄지 않는, 다시 말하면 재생 가능한 에너지는 어떤 것이 있을까. 그것은 바로 태양 에너지이다. 태양 에너지는 환경에 친화적이고 이산화탄소를 발생하지 않는다.

지구 전체에 쏟아져 내리는 태양 에너지는 1.2×10^{14} kW로, 지구상 전체 에너지 소비량의 1만 배에 이른다. 우리는 직접·간접으로 이 태양 에너지를 계속 사용하고 있다. 예를 들어, 태양의 혜택을 받아 자란 나무들을 베어 난방용으로 사용했다면 그것은 태양 에너지를 간접적으로 이용한 것이 된다. 이것도 바이오매스 에너지를 사용했다고 할 수는 있겠지만, 엄밀한 의미에서 바이오매스 에너지는 수목을 벌채한 곳에 식수를 함으로써 비로소 재생 가능한 자연 에너지로 성립된다는 사실을 기억하기 바란다 (화석 에너지는 동물이나 식물의 사체가 태양 에너지를 얻어 변성된 것이라고 볼 수 있지만 수목처럼 재생되는 것은 아니다).

한편, 주택의 지붕에 설치된 패널을 통하여 목욕물을 데우거나 난방을 하는 것은 태양열 에너지를 직접 사용한 좋은 예이기도 하다. 오늘날에 이르러서는 태양광 에너지를 직접 사용하는 태양전지, 열에너지를 직접 사용하는 열 발전 그리고 간접적으로 사용하는 풍력에너지, 수력 에너지, 해양 에너지와 바이오매스, 인공 광합성에 이르기까지 다양한 이용방법이 일부는 실용화되었고 일부는 가까운 장래에 실용화될 것으로 전망된다.

현재 태양 에너지는 대부분 우리 생활에 요긴한 에너지인 전기 에너지로 변환되어 사용되고 있다. 재생 가능 에너지란 바로 이러한 에너지를 총칭한다.

한편, 신 에너지는 자연 에너지와 중복되는 부분도 있지만 엄밀하게 본다면 많이 다르다. 그것은 오늘날까지 실용화되어 온 화석 에너지, 원자력 에너지를 제외한 에너지라 할 수 있다. 즉 태양광 에너지, 태양열 에너지, 풍력 에너지, 해양 에너지, 지열 에너지, 수력 에너지 (특히 소규모의 발전 설비) 등의 자연 에너지에다 폐기물 에너지 (쓰레기 연소에 의한 발전)와 코제네레이션 (전기와 함께 열도 공급하는 시스

템), 미이용 에너지의 유효 이용과 연료전지로 불리우는 고효율의 발
전 시스템이 포함된다. 신 에너지를 구체적으로 분류하면 다음 표와
같다.

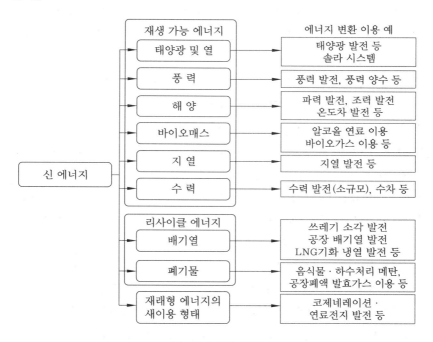

신 에너지의 분류

태양전지는 빛 에너지를, 풍력 발전은 바람이 가지고 있는 운동 에
너지를 전기 에너지로 변환하고 있다. 에너지를 효율적으로 이용하려
면 이와 같은 변환 때의 손실을 가급적 작게 하는 것이 매우 긴요하
며, 이것은 신 에너지 개발의 중요한 포인트의 하나이기도 하다.

그럼, 신 에너지가 개발된다면 화석연료는 무용지물이 될 것인가.
그렇지는 않다. 화석연료는 앞으로 10년이 지나서도 여전히 중요한
에너지임에는 변함이 없을 것이다. 바꾸어 말한다면 신 에너지는 50
년 후, 아니 100년 후에 가서야 비로소 에너지의 주역이 될지 모른다.

그러나 화석연료는 부존량에 한계가 있고 또 최근 일본 후쿠시마

원전사례에서 볼 수 있듯이 원자력 에너지 증설에는 어려움이 따르므로 새로운 에너지의 개발, 특히 재생 가능한 자연 에너지 이용의 중요성은 몇 번을 강조해도 지나침이 없다.

자연 에너지를 효율적으로 이용하려면 먼저 각각 그 특성을 파악할 필요가 있다. 앞에서 수차 기술한 바와 같이 자연 에너지의 특징으로는 이산화탄소를 발생하지 않아 청정하며 영구히 사용할 수 있는 장점이 있지만, 다른 한편에서는 에너지 밀도가 낮고 기후에 따른 변동이 큰 것이 단점으로 지적된다. 당연히 태양전지와 풍력 발전으로 하루 종일 안정된 전력을 얻는다는 것은 불가능하다. 우리나라 모든 지역의 일조량이 균등하거나 발전에 충분한 안정된 풍속을 획득할 수 있는 것은 아니기 때문이다. 오히려 자연 에너지를 활용하기에 적합하지 못하다고 할 수도 있다. 뿐만 아니라 현재 보급을 활성화하기 위해 국가에서 많은 지원을 하고 있지만 기존의 발전 시스템에 대항할 수 있을 만한 충분한 경쟁력을 확보하는 것도 필요하다.

이와 같은 많은 문제점을 안고 있으면서도 많은 연구원들, 기술자들이 기술 보급을 위해 밤낮으로 개발에 힘을 쏟고 있다. 이 책에서는 태양 에너지, 해양 에너지, 풍력 에너지, 바이오매스 에너지를 순서대로 다루고, 새로 각광을 받는 수소 에너지까지 다루었다. 또 마지막 장에서는 이 모든 에너지에 대하여 객관적인 견지에서 나름대로 평가를 지도했다.

chapter **01** **태양 에너지**

chapter **04** **바이오매스 에너지**

수소 에너지

chapter 06 재생 가능 에너지의 평가

1·1 태양 에너지와 태양광 발전

태양의 중심부에서는 수소원자가 헬륨원자로 변하는 핵융합 반응이 진행되고 있으며 이때 발생하는 핵 에너지가 바로 태양 에너지이다. 이 태양 에너지는 매우 짧은 파장에서부터 긴 파장까지 다양한 파장의 빛이 되어 지구에 도달한다.

태양 에너지는 공급량이 방대할 뿐만 아니라 고갈되지 않으며, 지역에 따라 일사량(日射量)에 차이는 있지만 어느 곳에서나 이용이 가능하다. 또 청정 에너지이므로 석유나 석탄에서와 같은 환경오염이 없고, 값을 지불하지 않아도 되는 무료 에너지인 것이 특징이다.

태양 에너지 이용 방법은 열과 빛 두 가지로 크게 나눌 수 있지만 여기서는 빛을 이용하는 분야에 대하여서만 가술하기로 하겠다.

(1) 지구에 쏟아지는 태양 에너지의 양

태양의 전체 에너지 중에서 극히 일부만 지구에 도달하지만 그 극히 일부의 에너지마저도 지구에게 있어서는 놀라울 정도의 방대한 에너지이다. 그 양이 어느 정도인가 하면 1초간에 42조 kcal란 방대한 양이다. 이것은 태양에서 지구에 도달하는 약 1시간 분의 에너지면 지구상의 전체 인구가 1년간 사용하는 모든 에너지(석유·석탄·천연가스·원자력 등을 포함)양과 같다는 것을 의미한다.

지구에 도달한 태양 에너지의 3분의 1은 우주로 반사되고 남은 3분의 2 중에서 절반은 열로 변한다. 또 일부는 바람과 파도, 해류, 식물의 광합성 에너지원이 된다. 태양전지 모듈은 이 방대한 태양의 빛 에너지를 전기로 변환하는 마법의 판이라 할 수 있다.

우리들이 일상으로 경험하는 바와 같이 지구에는 낮과 밤이 존재한다. 그것은 지구가 자전(自轉)하기 때문이다. 이 '자전 현상'은 지구

뿐만 아니라, 대부분의 행성이 자전하고 있으므로 우주에서는 일반적인 현상이다. 지구가 회전하는 경우 움직이지 않는 부분, 즉 축(軸)이 존재하며 이 축을 가리켜 '지축(地軸)'이라 한다 (그림 1-1).

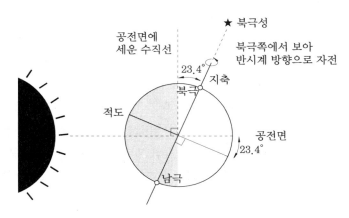

그림 1-1 **밤과 낮이 있는 원리**

또 지구는 태양의 주위를 일주하는 데 (한 바퀴 도는 데) 1년이 걸린다는 것도 우리 모두가 아는 사실이다. 지구가 태양 주위를 회전하는 것을 '공전(公轉)'이라 하며, 거의 원형으로 돌고 있다.

우리나라는 봄, 여름, 가을, 겨울의 4계절이 뚜렷하다. 이렇게 4계절이 발생하는 이유는 지구가 태양을 향하여 지축을 23.4° 기울어진 채 돌기 (공전하기) 때문이다 (그림 1-2).

그리고 북극이 가까운 지방에서는 백야(白夜) 현상을 목격하게 되는데 백야가 생기는 이유도 간단하게 설명하겠다. 그림 1-2와 같이 하지 (여름) 때의 북극을 보면, 지축이 기울어져 있는 관계로 지구가 자전하고 있음에도 불구하고 태양의 빛이 24시간 도달하게 된다. 그 결과 밤도 밝은 백야가 되는 것이다. 반면에 동지 (겨울) 때의 북극을 보면 온종일 태양의 빛이 도달하지 않는다. 즉 온종일 밤인 셈이다.

우리나라에서는 여름에는 덥고 겨울에는 춥다. 그 이유도 간단하다. 그림 1-3은 우리가 매일 보고 있는 태양의 위치를 계절별로 나타낸 것이다. 그림을 보아서도 알 수 있듯이, 여름과 겨울은 태양이 뜨는 위치와 지는 위치가 다르다. 또 낮에 태양의 위치도 여름에는 바로 머리 위에서, 겨울에는 앞쪽 위에서 볼 수 있음을 나타내고 있다.

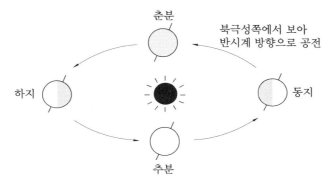

그림 1-2 **4계절이 존재하는 원리**

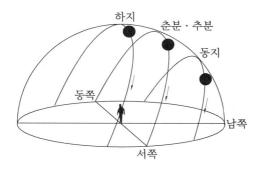

그림 1-3 **계절에 따라 다른 태양의 위치**

그림 1-4는 태양의 위치에 따라 지상의 같은 넓이가 태양의 빛을 받는 양을 나타낸 것이다. 태양이 바로 상공에 있을 때와 비스듬히 기울어진 위치에 있을 때의 받는 태양광의 양은 큰 차이가 나는 것을 알 수 있다.

앞에서도 기술한 바와 같이 태양의 빛 에너지는 대부분이 열로 변환된다. 태양이 바로 머리 위에 위치하는 여름에는 겨울에 비하여 지상의 같은 넓이가 받는 빛 에너지 (열 에너지로 변환)가 많으므로 덥고, 겨울에는 적으므로 춥기 마련이다. 이것은 태양전지 패널을 설치할 때의 중요한 원리로, 태양에 수직으로 설치하는 이유는 바로 태양의 빛 에너지를 많이 흡수하기 위해서이다.

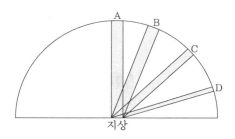

그림 1-4 **태양의 위치에 따라 변하는 에너지양**

(2) 빛의 참모습

태양전지는 '빛을 전기로 변환하는' 장치이므로 그 근원이 되는 빛의 실체를 아는 것이 무엇보다 필요하다.

네덜란드의 물리학자인 호이겐스 (Huygens Christiaan, 1629~1695)는 1678년에 '빛은 파동'이라는 호이겐스의 원리를 발표한 바 있다. 그러나 사과가 나무에서 떨어지는 것을. 보고 만유인력의 법칙을 발견한 뉴턴이 빛의 '입자설'을 주장한 이후 한동안은 빛의 입자설이 주류를 이룬 적도 있었다. 하지만 그로부터 약 100년 후, 프레넬 렌즈 (Fresnel Lens)로 잘 알려진 프레넬 (Fresnel, Augustin Jean 1788~1827)이 빛은 매우 짧은 파장의 파동이라는 이론을 바탕으로 빛의 간섭을 수학적으로 증명함으로써 '파동설'이 입자설을 밀어내게 되었다. 또 1864년에는 맥스웰 (Maxwell, James Clerk 1831~1879)에 의해서 '빛은 파동이고, 전자기파의 일종이기도 하다'는 주장도 가세 되었다.

그리고 약 100년 전에 아인슈타인 (Einstein, Albert 1879~1955)이 빛은 '입자 (광자 : photon)'이고, 그 포톤의 흐름이 '파동'으로 되어 있

는, 즉 빛은 양면성을 가지고 있다는 이론을 발표함으로써 현재 빛의
정체는 '파동인 동시에 입자이기도 하다'는 이론이 일반화되었다. 태
양전지의 기본 성질인 '빛을 전기로 변환하는' 원리는 빛은 '파동'이라
는 이론과 '입자'라는 두 관점에서 고찰할 필요가 있다.

(3) 태양 에너지의 스펙트럼 분포

우리는 무지개를 보고 일곱 색깔의 집합체라고 한다. 그러나 태양
에서 지구에 이르는 빛은 사람의 눈으로 볼 수 있는 빛뿐만 아니라,
더욱 많은 종류의 다양한 빛이 지구에 내려쪼이고 있다. 빛은 파동과
입자의 성질을 가지고 있지만 여기서는 빛의 종류를 파동의 성질에
따라 설명하기로 하겠다.

그림 1-5는 태양 에너지의 스펙트럼 분포를 나타낸 것으로, 세로축
에 태양광의 세기, 가로축에 태양광의 파장을 기록하였다. 대기권 밖
의 에너지 분포 ($m = 0$)에 대하여 지표의 에너지 분포 ($m = 2$)가 완만한
커브로 되지 않는 이유는 대기 중의 수증기에 의해서 빛 에너지가 흡
수되기 때문이다.

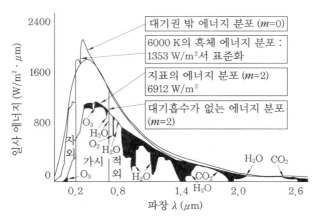

그림 1-5 **태양 에너지의 스펙트럼 분포**

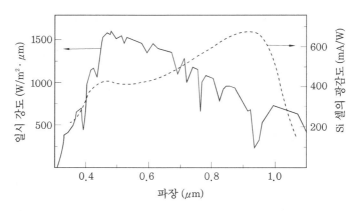

그림 1-6   태양 에너지의 스펙트럼 분포와 실리콘 태양전지의 광감도 스펙트럼 분포

그림 1-6은 태양 에너지의 스펙트럼 분포와 태양전지에서 가장 많이 이용되고 있는 실리콘 태양전지의 광감도 스펙트럼 분포를 나타낸 것이다. 인간의 눈이 감지할 수 있는 빛의 파장 대역은 $0.4 \sim 0.7 \, \mu m$ 정도이고, 파장이 $0.4 \, \mu m$보다 짧은 빛(자외광)과 $0.7 \, \mu m$보다 긴 빛(적외광)은 인간의 눈에는 보이지 않는다. 한편, 실리콘 태양전지는 $0.35 \sim 1.1 \, \mu m$의 파장 대역에서 잘 보이는 눈이라 할 수 있다(실리콘은 사람의 눈에 비하여 감지할 수 있는 빛의 파장 대역이 넓다).

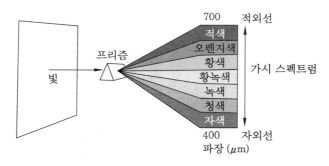

그림 1-7   인간의 눈으로 볼 수 있는 파장 대역과 색깔 관계

인간이 볼 수 있는 빛 (가시광)을 좀 더 자세하게 설명하면 그림 1-7과 같이 파장의 길이에 따라 색깔이 다르다. 또 인간이 가장 잘 볼 수 있는 빛은 파장이 $0.55\,\mu\mathrm{m}\,(550\,\mu\mathrm{m})$ 부근의 황녹색이다.

(4) 일사량과 태양전지

태양전지는 태양의 빛을 전기로 변환하는 것이므로 해가 비추지 않으면 발전하지 못한다. 그러므로 그림 1-8에서 보는 바와 같이 태양빛 (일사량)의 세기와 태양전지에서 획득할 수 있는 전기의 양 (발전량)은 매우 깊은 상관 관계를 가지고 있다 (일사량과 발전 전력이 정비례 관계에 있음을 알 수 있다).

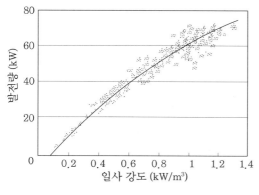

그림 1-8 **일사 강도와 발전량의 관계**

그림 1-9
전천 일사계의 일종

지구의 적도를 중심으로 볼 때 연평균 전천 (全天) 일사량[1]은 어느 나라에서나 대체로 북위 지방에서는 남쪽으로 갈수록, 남위 지방에서는 북쪽으로 갈수록 일사량이 많은 것이 일반적이지만 날씨에 따라 크

---

1) 전천 일사량 : 산란광 (대기 중의 산소분자·질소분자와 부유 미립자에 의해서 산란된 빛)과 반사광 (구름이나 지표에 의해서 반사된 빛)을 제외한 빛을 직달 (直達) 일사량이라고 한다. 그리고 직달광, 산란광, 반사광 모두를 합친 빛의 총량을 '전천 일사량'이라 한다.

게 차이가 나는 것도 사실이다. 즉 비가 적게 오는 곳은 일사량이 많고, 눈이 많이 내리는 지방은 일사량이 적은 것이 보편적인 현상이다.

그림 1-8에 기록한 바와 같이 일사량을 알게 되면 발전량을 예측할 수 있으므로 어떠한 장소에 어느 정도의 태양전지를 설치하면 얼마만큼의 발전량을 얻을 수 있을지 예측할 수 있다. 그러므로 태양전지 메이커나 태양전지 설치업자들은 과거의 기상 기록(일반적으로는 기상청의 데이터)을 바탕으로 발전량을 예측하게 된다. '태양광 발전 시스템 시뮬레이션 소프트웨어'도 활용되고 있다.

(5) 태양전지가 발전하는 원리

태양전지는 빛을 전기로 변환하는 패널인데, 이제 그 원리를 간단히 살펴보고 나가도록 하겠다. 태양전지는 1953년에 미국에서 처음 발명한 기술이며, 반도체가 빛의 에너지를 흡수하면 입자(정공과 전자)가 발생하고 그 입자가 태양전지 속에서 운동함으로써 전기가 발생하게 된다.

여기서는 잠시 빛을 입자라고만 생각하고 설명하도록 하겠다. 물질을 나눌 수 있는, 끝까지 나누다가 더 이상 나눌 수 없는 최후의 알갱이를 원자(atom)라고 명명한 사람은 고대 그리스의 철학자인 데모크리토스였다. 19세기에 들어와 그림 1-10과 같이 원자의 중심에 원자핵이 존재하고, 그 주위를 전자(電子)가 돌고 있다는 것을 알게 되었다.

원자핵은 1개이지만 원자의 수는 물질에 따라 다르다. 태양전지의 대표적 재료인 실리콘은 전자의 수가 14개이고, 가장 바깥쪽 궤도를 돌고 있는 전자(최외각 전자라고 한다)가 4개이다. 최외각 전자가 돌고 있는 궤도를 고속도로라 가정하고, 전자는 고속도로를 달리고 있는 자동차라고 한번 가정하여 보자.

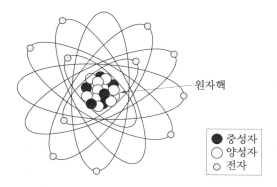

● 중성자
○ 양성자
◦ 전자

그림 1-10 **물질의 구조를 나타내는 원자핵과 전자**

이 고속도로에는 8대의 자동차(8개의 전자)를 주행시킬 수 있다. 실리콘 1개 원자의 최외곽 전자는 4개(4대의 차를 가지고 있다)이므로 원자가 정연하게 배열된 분자 상태가 되면 고속도로를 공유하여 각 4대, 즉 8대의 자동차가 도로를 달리는 것과 같은 의미가 된다(그림 1-11(a)).

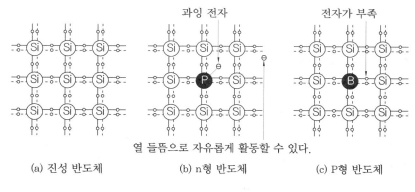

(a) 진성 반도체   (b) n형 반도체   (c) P형 반도체

그림 1-11 **각종 반도체**

다음에 실리콘원자(Si) 1개를 인원자(P)로 대치하면, 인에는 바깥쪽 전자가 5개 있으므로(그림 1-11(b)) 1대는 고속도로에서 밀려나게 된다. 이와 같은 실리콘을 n형 반도체라고 한다. 마찬가지로 실리콘원자 1개 부분을 바깥쪽 전자가 3개인 브롬원자(Br)로 바꾸어 놓으면

이번에는 전자가 1개 부족한 상태가 되며 이와 같은 실리콘을 P형 반도체라 한다(그림 1-11(c)).

태양전지는 그림 1-12과 같이 n형 반도체와 p형 반도체를 연결한 구조로 되어 있다. 태양전지에 빛이 부딪치면 그 빛이 태양전지 속에 흡수되어 n형과 p형의 경계(pn정크션이라 한다) 부근에서 입자(정공과 전자)가 발생하고, 전자는 n형 반도체 쪽으로, 정공은 p형 반도체 쪽으로 모인다. 그 헌 끝에 전극을 연결하면 거기에 전자와 전공이 각각 모이고, 그것을 결선하면 전자가 이동한다. 즉 전류가 흐르는데, 이것이 빛을 전기로 변환하는 발전의 원리이다.

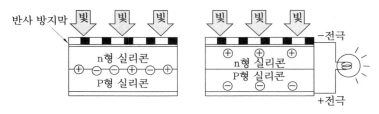

그림 1-12 **태양전지의 발전 원리**

1·2 태양전지의 종류와 특징

(1) 태양광 발전의 특징

태양의 빛 에너지를 전기 에너지로 직접 변환하는 장치가 바로 태양전지이다. 태양전지는 영어로 photovoltaic 또는 solar cell이라 하며 solar battery라고는 하지 않는다. 그 이유는, 태양전지는 태양의 빛을 전기로 변환하는 장치이지만 전기를 축적하는 축전 기능이 없기 때문이다. 즉 빛이 조사(照射)되었을 때만 발전하므로 야간에는 발전하지 못한다.

태양광 발전의 장점을 들면 대략 다음과 같다.

① 에너지의 근원이 되는 태양광을 아무런 대가 없이 무료로 무진

장 이용할 수 있을 뿐만 아니라 영구적으로 이용할 수 있다.

② 지구상의 모든 나라, 모든 사람이 간섭 없이 평등하게 이용할
  수 있다.

③ 공해가 전무하다 (석유나 석탄처럼 지구 온난화의 원인이 되는 이
  산화탄소와 유해 물질인 질소화합물을 배출하지 않는다).

④ 가동 부분이 없으므로 소음이 나지 않을 뿐만 아니라, 설비의
  보수·정비가 간단하므로 고장날 염려가 없다.

⑤ 어떠한 지역에나 설치할 수 있다 (자동차가 출입할 수 없는 지역
  에서는 말이나 당나귀의 등에 태양전지 모듈을 실어 나른 사례도
  있다).

그러나 애석하게도 다음과 같은 약점도 있다.

① 빛이 조사되었을 때만 발전한다 (따라서 발전량은 날씨에 따라 좌
  우되고, 당연히 태양광이 없는 야간에는 발전하지 못한다).

② 현 단계에서 태양광 발전 시스템은 비용이 많이 소요되므로 화
  력 발전이나 원자력 발전에 비하여 전기요금이 비싼 편이다.

③ 넓은 설치 장소를 필요로 한다 (1가구당의 전기량을 생산하기 위
  해서는 대략 30~40 m^2의 넓이가 필요하다).

(2) 태양전지의 종류

프랑스의 물리학자인 에드몬드 베켈은 1839년에 태양광을 이용하
여 전기를 발생시키는 것을 발명하였다. 그로부터 100여 년이 지난
1953년에 미국 벨연구소의 G.L. 피어슨 등에 의해서 단결정 실리콘
을 사용한 현재의 태양전지 원형이 개발되었다. 개발 당초에는 매우
고가여서 인공위성용 전원으로서만 사용되었지만 현재는 가격이 많
이 저렴해져 일반 가정에서까지도 사용할 수 있게 되었다.

태양전지는 그림 1-13에서 보는 바와 같이 지금까지 여러 종류가
개발되었다. 또 태양전지 재료의 연도별 생산량은 그림 1-14에서 보

는 바와 같이 결정 실리콘 태양전지가 90 % 이상을 차지하고 있다
(2006년의 경우 다결정 실리콘 46.4 %, 단결정 실리콘 38.2 %, HIT 6.0 %,
합계 90.5 %).

그림 1-13 **태양전지의 종류**

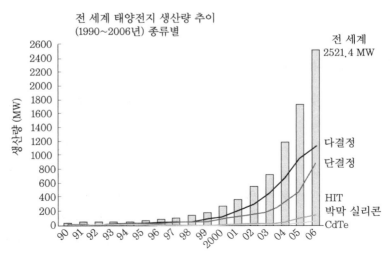

그림 1-14 **태양전지의 재료별 생산량**

(3) 태양전지의 성능

태양전지의 성능을 나타내는 가장 중요한 항목은 '광전 변환효율
(이하 변환효율이라 기록)'이다. 변환효율은 빛의 에너지를 몇 % 전기
에너지로 변환할 수 있느냐를 나타내는 수치이다. 현재 판매되고 있는 태
양전지의 변환효율은 태양전지 셀로 10~20 % 정도이다.

$$광전\ 변환효율 = \frac{출력\ 전기\ 에너지}{입사하는\ 태양광\ 에너지} \times 100\ \%$$

광전 변환효율이 100 %에 이르지 못하는 이유는,
① 태양전지 셀의 표면에서 빛이 일부 반사되기 때문에 빛의 일부
   는 셀 속까지 들어가지 못한다.
② 그림 1-6에서와 같이 태양 에너지의 스펙트럼 분포와 실리콘 태
   양전지의 감도 스펙트럼 분포가 일치하지 않기 때문에 손실이
   발생한다. 실리콘 이외의 물질이라도 마찬가지이다.
③ 앞에서 태양전지에 빛이 조사되면 그 빛이 태양전지 속에 흡수
   되어 입자가 발생한다고 설명한 바 있는데, 긴 파장의 빛과 약한
   파장의 빛은 입자를 발생시키지 못하는 경우가 있다.
④ 또 입자가 발생할지라도 전극까지 도달하지 못하는 입자도 있다.
⑤ 재료(실리콘 등)나 전극 부분에 내부 저항이라고 하는 전기적
   인 저항이 있으며, 그 저항이 전기를 일부 소비한다(열로 변한
   다).
위와 같은 이유에서 단결성 실리콘 태양전지의 경우 이론 한계는 30 %
정도로 간주되고 있다. 하지만 변환효율과 재료 사이에는 일정한 관
계가 있기 때문에 재료와 소자를 연구함으로써 50 % 이상의 변환효율
도 가능하다. 아직은 연구 단계에 있기는 하지만 50 %의 변환효율을
목표로 하는 신재료 연구도 정력적으로 추진되고 있다.

(4) 결정계 실리콘 태양전지

① 단결정 실리콘 태양전지

태양전지 중에서 가장 고참에 속하며 현재도 태양전지의 주요 재료의 하나로 사용되고 있다. 고순도의 실리콘을 사용하기 때문에 변환효율이 높지만 (연구 차원에서는 25 %) 코스트가 높은 것이 단점이다.

② 다결정 실리콘 태양전지

다결정 실리콘 태양전지는 반도체 IC 제조 과정에서 부생한 단재(端材)나 불량품의 실리콘을 재료로 재사용하고 있다. 그 때문에 결정과 결정 사이에서 일어나는 여러 장해로 인하여 단결정 실리콘에 비해 변환효율이 약간 떨어지지만 (연구실 차원에서는 20 % 정도), 재료의 가격이 저렴하기 때문에 생산량이 가장 많은 태양전지이다.

③ 결정 실리콘 태양전지 제조 공정

높은 순도의 석영을 함유한 광석 (규석)에서 실리콘 (금속 실리콘)을 정제한다. 그림 1-15는 금속 실리콘에서 태양전지 셀이 만들어지기까지의 공정을 보인 것이다.

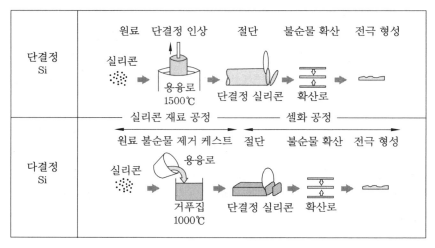

그림 1-15 결정 실리콘 태양전지 제조 공정

단결정 실리콘의 실리콘 제조 공정은 용융된 실리콘 속에 '씨결정'을 넣고 그것을 끌어올림으로써 결정을 성장시켜 높은 순도의 단결정 실리콘 봉을 만든다. 그리고 다결정 실리콘의 경우는 용융한 금속 실리콘을 거푸집에 넣고 서서히 굳힘으로써 불순물을 한곳으로 모은다 (불순물이 많이 함유된 부분은 버린다). 다음에 실리콘을 절단하여 태양전지 셀이 되는 기판(웨이퍼)을 만든다.

다음은 셀화 공정으로 옮겨간다. 태양전지 셀의 구조는 p형 실리콘 반도체와 n형 실리콘 반도체를 맞붙인 형상으로 되어 있다. 일반적으로는 p형 기판에 n형 확산층을 형성시켜 태양전지 셀을 만든다. 그림 1-16은 태양전지 모듈의 제조 공정 사진이고, 그림 1-17은 결정 실리콘 태양전지 모듈의 구조도이다.

그림 1-16 **태양전지 모듈의 제조 공정**

그림 1-17 **결정 실리콘 태양전지 모듈의 구조도**

④ 리본결정 실리콘 태양전지

리본결정 실리콘 태양전지는 도가니 속의 녹은 실리콘을 2가닥의 실 (스트링)로 끌어올려 표면장력에 의해서 실 사이에 엷은 실리콘 판을 만드는 방법으로 제조한 태양전지 셀이다. 결정 실리콘 태양전지 제조 방법 (그림 1-15)처럼 절단에 따른 손실이 없고 실리콘 재료를 유효하게 사용할 수 있는 것이 특징이다.

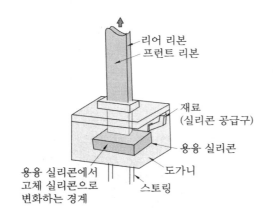

출처 : Evergreen Solar, Inc

그림 1-18 **리본상 실리콘 웨이퍼 제조 방법**

변환효율도 13~15 % 정도여서 코스트와 성능의 밸런스가 양호한 태양전지라 할 수 있다.

⑤ 볼상 실리콘 태양전지

용융한 실리콘을 물방울을 떨어뜨리듯 작은 노즐에서 떨어뜨리면 표면장력에 의해서 볼상으로 되고 낙하하면서 식어 굳어진다. 이 원리를 이용하여 실리콘의 작은 볼을 만들고, 그것을 전기적으로 연결한 것이 볼상 실리콘 태양전지이다. 이 제조 방법도 실리콘 재료의 로스가 적기 때문에 코스트 다운화가 기대되는 태양전지 중 하나이다.

그러나 볼을 평면상으로 배열했을 때에 발생하는 틈 사이가 모듈의 변환효율을 떨어뜨리는 결점이 있다. 그래서 그림 1-19와 같이 볼상

실리콘을 팔 모양의 반사거울 중심에 놓고 볼의 그림자 부분 빛도 집
광하는 방법이 연구되고 있다.

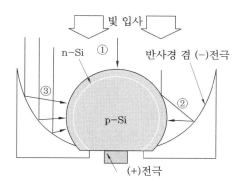

그림 1-19 **집광형 볼상 실리콘 태양전지 셀의 구조**

⑥ HIT 태양전지

HIT는 Hetero―junction with Intrinsic Thin―layer의 머리글
자를 엮은 것으로, 단결정 실리콘 표면에 비정질 실리콘을 퇴적시켜
태양전지 셀 표면의 발전 손실을 억제함으로써 고출력을 실현한 태양
전지이다.

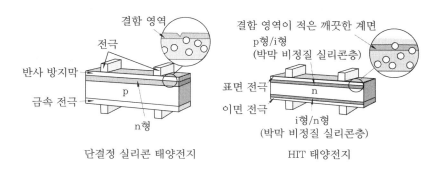

단결정 실리콘 태양전지　　　　HIT 태양전지

그림 1-20 **일반 단결정 실리콘 태양전지와 HIT 태양전지 소자의
구조 비교**

일반적인 단결정 실리콘 태양전지와 HIT 태양전지 소자 구조의 차
이는 그림 1-20과 같다. 또 비정질 실리콘막을 사용함으로써 온도 특
성이 결정계 실리콘 태양전지보다 우수하기 때문에 여름철의 발전량
이 같은 정격의 결정계 실리콘 태양전지보다 많다.

(5) 태양전지용 실리콘 재료

① SGS (솔라 그래이드 실리콘)

태양전지용 실리콘 재료는 과거에는 반도체 IC의 단재(端材) 등을
이용하였으나 근년에는 태양전지의 생산량이 급속히 늘어나 재료가
품귀한 상태에까지 이르렀다. 태양전지용은 반도체 IC에서 사용하는
정도의 초고순도 실리콘일 필요는 없으므로(반도체 기판 재료용은 실
리콘 순도가 99.999999999 %가 요구되지만, 태양전지용은 99.9999 %로
충분하므로) 태양전지에 적합한 실리콘 재료 개발이 추진되어 가격이
비교적 저렴한 태양전지 전용 실리콘 재료가 개발되었다.

② 태양전지용 실리콘 재료

그림 1-21은 전 세계의 태양전지 모듈 생산량과 생산 능력의 추이
를 보인 것으로, 2005년부터 생산 능력과 실제 생산량 사이의 커다란
격차를 엿볼 수 있다. 앞에서도 지적한 바와 같이 생산량이 해마다
40 % 전후로 증가하고 있으며 그 생산량의 90 % 이상이 단·다결정
실리콘 태양전지이다. 이와 같은 추세로 인하여 2004년경부터 태양
전지용 실리콘 재료의 생산이 뒤따르지 못하여 실리콘 재료 부족사태
를 맞기도 했다.

이와 같은 사태의 해결책으로 태양전지 메이커에서는 태양전지 셀
의 두께를 얇게 하는 것으로 대응하여 2000년경에는 두께가 300 μm
였던 것을 200 μm로, 그리고 다시 180 μm로 낮추어가고 있다. 실리
콘 재료의 부족상태는 2009년부터 점차 해소되었다.

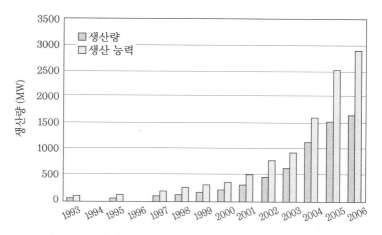

그림 1-21 **태양전지 모듈의 세계 생산 능력과 생산량 추이**

(6) 박막 실리콘 태양전지

실리콘을 주성분으로 하는 실란(silane) 가스를 특수한 진공 장치 (플라스마 CVD 장치, CVD : 화학 기상 성장)로 기판에 실리콘을 부착시 키는 방법으로 만든 태양전지이다. 막을 붙이는 조건에 따라 비정질 로 되거나 미결정(매우 작은 결정 실리콘 입자의 집합체)으로 되거나 한다. 또 막을 붙이는 기판은 유리 · 스테인리스 · 플라스틱 등 여러 종류를 선택할 수 있다.

단 · 다결정 실리콘은 원료를 녹여 다시 굳히기 위해 1400℃ 이상 으로 가열할 필요가 있지만 박막 실리콘은 조건만 선택한다면 200℃ 정도로 실리콘 막이 만들어진다(성막이라 한다). 현재 세계 태양전지 시장에서 주류를 이루고 있는 결정 실리콘 태양전지에 대하여 코스트 적으로 우위를 유지하고 있다.

① 결정 실리콘과 비정질 실리콘의 온도 특성

여름철 태양전지 모듈의 표면은 70℃ 정도로 뜨거워진다. 결정 실 리콘의 온도계수는 -0.45℃이기 때문에 결정계 실리콘 태양전지는 정격 (기준온도 25℃)에 대하여 20 % 정도 떨어진다.

한편, 비정질 실리콘의 온도계수는 −0.2~0.3 %/℃이기 때문에 출력 저하가 10 % 정도로 되어 여름철 출력은 결정계 실리콘에 비하여 10 % 정도 커진다.

② 비정질 실리콘 태양전지

비정질 실리콘은 0.5 μm 이하의 두께로 빛을 흡수할 수 있기 때문에 (결정계 실리콘의 경우는 100 μm 정도의 두께가 필요) 결정계 실리콘 태양전지만큼 변환효율이 좋지 않지만, 값이 저렴한 태양전지로 기대된다. 또 결정 실리콘 태양전지에 비하여 온도 상승에 대한 출력 저하가 적은 것이 특징이다.

한편 비정질 실리콘은 태양광이 쪼이면 열화 (광열화)되는 결점이 있지만 현재는 10 % 정도까지 억제되도록 개선되었다.

③ 턴댐형 박막 실리콘 태양전지 (다접합 태양전지)

일반적인 태양전지는 pn접합 (pn정크션)이 하나만 사용되고 있어 단접한 태양전지로 불리고 있다. 변환효율을 높이는 방법으로 pn접합을 복수로 겹치는 방법이 있으며 이를 다접합 (多接合) 태양전지라 한다.

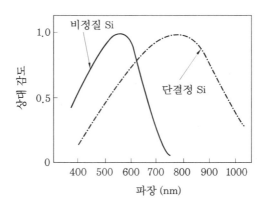

그림 1-22 비정질 실리콘 태양전지와 단결정 실리콘 태양전지의 수집효율 스펙트럼 비교

그림 1-22에 보인 바와 같이 비정질 실리콘과 결정 실리콘은 빛의 파장에 대한 감도가 다르다. 그래서 단파장쪽(그림 1-22 왼쪽) 빛을 비정질 실리콘으로, 장파장쪽(그림 1-22의 오른쪽) 빛을 미결정 실리콘으로 흡수하려고 하는 소자 구조가 고안되었다(그림 1-23). 이 태양전지는 비정질 태양전지의 장점에다 변환효율이 낮은 결점까지 극복할 수 있는 태양전지로 주목받고 있다.

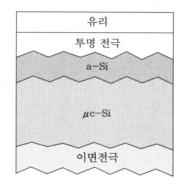

그림 1-23 턴댐형 태양전지 셀의 소자 구조

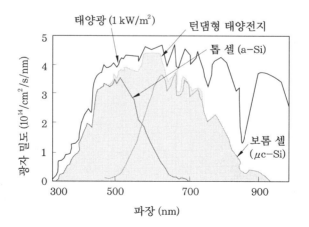

그림 1-24 태양광 스펙트럼과 이용 파장 영역

턴댐형 실리콘 박막 태양전지는 그림 1-24에 보인 바와 같이 태양 광 스펙트럼을 폭넓게 이용하여 변환효율을 향상시킬 수 있는 소자 구조이다. 현재는 결정계 실리콘 태양전지보다 변환효율이 떨어지지 만, 머지않아 결정계 실리콘과 동등한 변환효율에 이를 것으로 기대 된다.

(7) 화합물 반도체 태양전지

① 갈륨비소 (GaAs) · 인듐인계 (InP) 태양전지

가격이 매우 비싸지만 실리콘에 비하여 변환효율이 높고 내열성과 내방사성 특성이 우수하기 때문에 우주용으로 이용되고 있다. 우주용 은 쏘아올리는 비용이 많이 들기 때문에 중량이 가벼워야 하고 변환 효율을 높이는데 힘을 쏟게 된다 (적은 면적으로 많은 발전을 가능하게 하기 위해).

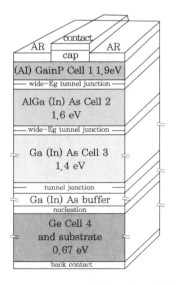

출처 : D. Krut, R. King, et al. 'Production and Development Activities in Multijunction Solar Cells for Concentrator Photovoltaic' PVSEC-17, Fukuoka, Japan (2007).

그림 1-25 **4접합 태양전지의 소자 구성 예**

　변환효율을 높이는 방법으로는 다접합형이 일반적이며, 태양전지
셀의 변환효율은 40 %를 넘는다. 그림 1-25는 4접합 태양전지의 소
자 구조의 예이다 (그림 1-23은 2접합 태양전지의 예).

② CI (G)S 박막 태양전지

　CIS 태양전지의 광흡수층 (동 · 인듐 · 세렌의 화합물)은 수 μm 정도
의 두께로 빛을 전기로 변환한다. 최근에는 더욱 고효율로 하기 위해
갈륨을 더하여 CIGS 태양전지라고 많이 호칭하고 있다. 변환효율이
높고 박막, 광열화가 없으므로 차세대 태양전지로 크게 기대된다. 그
림 1-26은 CIGS의 소자 구성 개략도이다.

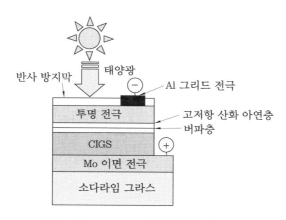

그림 1-26　**CIGS 태양전지의 기본 구조**

③ 카드뮴텔루르 (CdTe) 태양전지

　카드뮴텔루르 태양전지는 카드뮴을 재료로 사용하기 때문에 많은
나라에서 경원시하고 있으나 태양전지 재료로서는 고효율을 기대할
수 있는 재료이므로 유럽이나 미국에서는 연구가 활발하다. 연구 차
원에서는 변환효율 16 %를 넘었다.

　특히 최근 주목되고 있는 스크린 인쇄법은 진공 프로세스를 필요로
하지 않기 때문에 낮은 코스트로 대면적화가 용이하므로 기대되는 태

양전지의 하나로 떠오르고 있다. 그림 1-27은 카드뮴텔루르 태양전
지의 기본 구조이다.

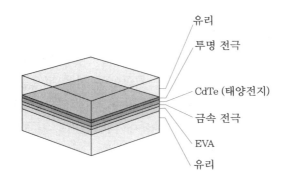

그림 1-27 **카드뮴텔루르(CdTe) 태양전지의 기본 구조**

④ **색소증감 태양전지**

색소증감 태양전지는 그림 1-28에 보인 바와 같이 색소가 붙은 산
화티탄 등의 나노입자를 한쪽 전극에 도포하고, 다른 전극과의 사이
에 전해액을 끼워 넣은 구조로 되어 있다. 태양광을 흡수한 색소에서
발생한 전자가 산화티탄을 거쳐 전류가 흐른다. 색소에 의해서 빛 에
너지를 이용하는 점에서는 식물의 광합성과 흡사하다 할 수 있다.

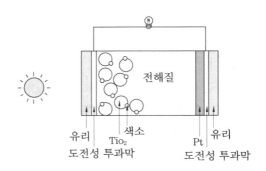

그림 1-28 **색소증감 태양전지 셀의 기본 구조**

색소증감 태양전지의 특징은 색깔과 형상을 자유롭게 할 수 있는데 있다. 대부분의 시제품은 2장의 유리판 사이에 색소를 끼워 넣었지만, 플라스틱 판을 사용하는 것도 가능하여 휠 수 있는 태양전지를 만들 수 있다. 또 이용하는 색소를 선택하면 적색, 황색, 청색 등 자유자재로, 컬러풀한 태양전지를 만들 수도 있다. 색소를 사용하므로 재료가 저렴하고 셀의 구조도 간단하다. 또 특수한 제조장치가 필요하지 않기 때문에 저렴한 태양전지를 만들 수 있다.

현재는 변환효율이 낮은 것이 문제이지만, 많은 연구원들이 그 개선에 몰두하고 있다. 또 색소의 내구성과 액체를 사용하기 위한 밀봉방법도 함께 연구되고 있다. 가볍고 휠 수 있으며 컬러풀하여 패션·인테리어 분야에서도 이용이 가능한 것으로 예상되어, 변환효율을 추구하지 않는 태양전지의 새로운 용도가 개척될 전망이다.

⑤ 유기 박막 태양전지

지금까지 유기 재료는 전기가 통하지 않는 것으로 간주되었지만, 유기분자에 특수처리를 하면 도전성을 부여할 수 있게 되었다. 휴대전화 등의 표시에 사용되고 있는 유기EL 디스플레이는 이와 같은 유기 반도체를 응용한 제품이다.

이미 설명한 바와 같이 태양전지를 구성하려면 p형 반도체와 n형 반도체가 있어야 한다. p형 반도체로는 도전성 폴리머를, n형 반도체로는 플라렌(특수한 구조의 탄소)을 사용함으로써 pn접합을 형성할 수 있다는 것을 알게 되었다. 유기 박막 태양전지의 본격적인 개발은 이제부터라 할 수 있다.

⑥ 신형 태양전지

이론적으로 60% 이상의 변환효율을 얻을 가능성이 있는 양자(quantum) 도트를 이용한 신형 태양전지도 개발되고 있다. 양자 도트란, 전자를 가두어둘 수 있는 그릇과 같은 것으로, 크기는(가령 볼로 비교한다면) 지름이 10 mm이다.

　양자 도트의 크기를 변화시킴으로써 사이즈가 큰 양자 도트는 긴 파장의 빛 (적색)을, 사이즈가 작은 양자 도트는 짧은 파장의 빛 (적색)을 흡수시킬 수 있다. 이 성질을 이용하여 양자 도트를 많이 만들어 배열하면 넓은 파장 영역의 빛을 흡수할 수 있다.

　의도한 크기의 양자 도트를 넓은 면적에 3차원적으로 만드는 기술 개발은 이제 막 출발 단계에 있으며, 변환효율 60 % 이상이라는 수치가 매력적이어서 앞으로의 전개가 기대된다.

(8) 각종 태양전지의 특성 비교

　표 1-1은 각종 태양전지의 특징을 비교한 것이다.

표 1-1 **각종 태양전지의 특징 비교**

종 류	장 점	단 점
단결정 실리콘	변환효율이 높고, 많은 사용실적이 있다.	실리콘 재료의 공급량에 제한이 따른다.
다결정 실리콘	위와 같다.	위와 같다.
리본결정 실리콘	단·다결정 실리콘에 비하여 재료의 사용량이 적다.	단·다결정 실리콘에 비하여 변환효율이 낮다.
구상 실리콘	위와 같다. 플렉시블 태양전지도 가능하다.	위와 같다. 볼을 배열하는 공정이 복잡하다.
HIT	특수품을 제외하고 시판품으로는 최고의 변환효율	실리콘 재료공급에 제약이 따른다.
비정질 실리콘	실리콘 재료의 공급 부족을 걱정할 필요가 없고, 온도 상승에 강하며, 재료 사용량이 적다.	변환효율이 낮고 초기 열화가 있다.
턴댐형 박막 실리콘	위와 같다. 비교적 높은 변환효율, 기판을 가리지 않는다 (유리·금속·플라스틱).	비정질보다는 변환효율이 좋지만, 단·다결정에 비하여 변환효율이 낮다.

갈륨비소 · 인듐인	고효율, 우주용에 적합	고가이기 때문에 특수용도에만 사용
CIGS	실리콘 재료의 영향을 받지 않는다.	인듐의 공급량이 염려된다.
카드뮴텔루르	진공장치를 필요로 하지 않고 저렴하게 만들 수 있는 가능성이 크다.	카드뮴에 대한 거부반응이 있다.
색소증감	색깔을 선택할 수 있고 저렴하게 만들 가능성이 크다.	변환효율이 낮고, 내구성이 염려스럽다.
유 기	저렴하게 만들 가능성이 크다.	개발 중
신 형	이론 변환효율 60 % 이상	개발이 막 시작된 단계

(9) 각종 태양전지의 과제와 장래성

① 결정계 실리콘 태양전지

결정계 실리콘 태양전지의 과제는 고효율과 실리콘 재료의 부족 대책으로 압축할 수 있다. 고효율화의 과제는 다음과 같다.

㈎ 태양광이 태양전지 셀 표면에서 반사되거나 혹은 태양전지 셀 내부로 입사되어도, 입자(정공과 전자)로 변환되지 않고 누설되는 것을 감소시킬 필요가 있다(이 기술을 optical confinement라 한다).

㈏ 태양전지 셀의 표면이나 내부에서 입자(정공과 전자)가 소멸함으로써 전극까지 도달하지 못하는 입자를 감소시키는 것이다. HIT 태양전지는 단결정 실리콘 웨이퍼 표면에 비정질 실리콘층을 적층시킴으로써 표면 손실을 감소시킨 태양전지이다. 또 다결정 실리콘 태양전지는 수 mm에서 수 cm의 단결정이 집합한 구조로 되어 있기 때문에 결정과 결정의 경계(이를 결정입계라 한다)에서 입자가 소멸하는 경우가 있다. 현재의 다결정 실리콘 태양전지는 입자의 소멸을 억제하기 위한 대책이 강구되어 있지만

앞으로도 개선의 노력은 이어질 전망이다.

두 번째의 실리콘 재료 부족 대책은, 실리콘 재료 사용량의 절감으로 대처하려 하고 있다. 현재 판매되고 있는 단·다결정 실리콘 태양전지의 태반은 절단(슬라이스)하여 웨이퍼를 만들어내고 있다. 사용되는 웨이퍼의 두께가 점점 얇어져 현재는 웨이퍼와 잘라버리는 양이 같은 정도라고 한다(즉 절반을 버린다).

한편, 절단하여 버리지 않는 방법으로 개발된 리본결정 실리콘 태양전지와 볼상 실리콘 태양전지는 현재로서는 주류를 이루고 있는 단·다결정 실리콘 태양전지에 비하여 변환효율이 낮은 문제를 안고 있다. 최근에 이르러서는 국내외에서 태양전지 전용 실리콘 재료 제조 플랜트가 건설되어 재료의 부족 상태가 서서히 풀려나가고 있으며, 웨이퍼의 박막화 기술도 발전하여 실리콘 부족은 해소되는 추세이다.

위와 같은 이유에서 앞으로도 당분간은 성능과 코스트면에서 균형 잡힌 결정계 실리콘 태양전지가 주류를 형성해 나갈 것으로 전망된다.

② 박막 실리콘 태양전지

차세대의 주역이 될 것으로 기대되는 박막 실리콘 태양전지는 결정계 실리콘 태양전지와는 달리 재료 부족의 영향을 받지 않는다. 비정질 실리콘 태양전지의 파장 감도 특성은 그림 1-22에 나타낸 바와 같이 단파장측(그림의 왼쪽 가시광선 쪽)에만 감도가 있으므로 결정계 실리콘 태양전지만큼의 변환효율을 발휘할 수 없다. 따라서 비정질 실리콘 태양전지와 같은 제조 방법으로 결정계 실리콘 박막을 적층하는 턴뎀형으로 옮겨가는 것이 불가피할 것으로 믿어진다.

현재로서는 턴뎀형 실리콘 태양전지의 변환효율이 12 % 정도이지만 장래에는 결정계 실리콘 태양전지와 동등한 변환효율을 기대할 수 있을 뿐만 아니라, 실리콘의 사용량도 결정계에 비하여 100분의 1 정도로 절감할 수 있으므로 코스트적으로도 유리한 태양전지이다.

하지만 낮은 코스트로 제조하기 위해서는 효율이 좋은 장치의 개발이 절실하고, 변환효율이 결정계 수준으로 육박하기 위한 태양전지 셀의 개발과 비즈니스를 계속하기 위해 해마다 막대한 액수의 설비투자를 필요로 하는 등 많은 과제를 안고 있다. 이와 같은 견지에서 볼 때 박막 실리콘 태양전지 메이커는 막대한 투자를 계속할 수 있는 체력이 강한 기업에 국한할 것으로 생각된다.

결론적으로 박막 실리콘 태양전지는 계속 큰 연구개발 투자가 이루어지고, 성능(변환효율)면에서 결정계 실리콘 태양전지에 근접하며, 성막 프로세스 능률을 대폭 향상시킬 수 있다면 차세대의 주류 태양전지로 크게 기대될 것이다.

③ 기타 태양전지

CI(G)S 태양전지는 광흡수계수가 크고, 결정 실리콘계 태양전지의 100분의 1의 막 두께로 대처할 수 있으므로 차세대 태양전지의 유력한 후보이지만 대량 생산을 위한 제조 프로세스 개발이 중요 과제이다. 또 재료인 인듐(In)은 희소 금속이기 때문에 재료 공급에 우려를 나타내는 사람도 있다.

가까운 장래에 비교적 낮은 가격을 기대할 수 있는 것은 카드뮴텔루르(CdTe) 태양전지이지만, 카드뮴이 함유되어 있으므로 기피하는 기업이 없지 않다. 하지만 미국과 유럽 등지에서는 카드뮴에 대한 기피성이 적기 때문에 박막계 태양전지의 주류가 될 가능성도 있다.

색소증감 태양전지는 변환효율 향상과 색소의 내구성, 전해액 대책 등 많은 개발 과제가 남아 있기 때문에 대량으로 판매되기까지는 다소의 시간이 필요할 것으로 전망된다. 색소증감 태양전지의 강점은 색소 선택에 따라 자유롭게 색깔을 선택할 수 있다는 것인데, 인테리어 등 특수한 용도에서부터 수요가 늘어날 것으로 믿어진다.

1·3 태양광 발전 시스템

(1) 세계를 무대로 한 태양광 발전 전쟁

태양광 발전 산업은 작금 수년간 고도 성장을 이어와 큰 변혁기를 맞이하고 있다. 각 나라 간 태양광 발전 시스템 도입 경쟁이 치열하고 산업계에서는 생산 확대 경쟁이 펼쳐지고 있다. 도입량·생산량 랭킹에서 선두 주자의 교체가 되풀이되는 등, 치열한 레이스가 전개되어 연산(年産) 1GW의 태양전지 생산 능력을 자랑하는 기업도 출현했다.

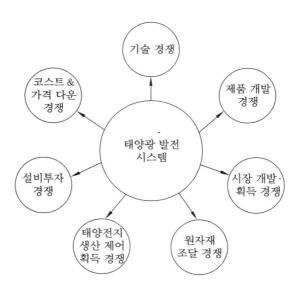

그림 1-29 **태양광 발전의 기업 환경**

턴키방식 (스위치만 넣으면 바로 이용이 가능하다는 뜻)에 의한 태양전지 제조 장치가 판매되어 신규 참여 기업도 이어졌다. 또 태양광 발전 설치장소가 건물의 옥상에서 유휴지 등으로 확대되어 대규모 발전소가 다수 건설되고, 이것이 도입량 확대에 한 몫 기여한 사실도 간과할 수 없다.

하지만 2008년도 9월의 세계적 금융위기를 경계로, 이제까지 생산 능력 증강과 설비투자, 원자재 조달, 시장개척에서 패권을 다투었던 업계는 공급 과잉이 표면화하여 원자재에서 태양전지, 발전 시스템에 이르기까지 치열한 가격 경쟁에 내몰리고, 제조 코스트가 기업의 명암을 갈라놓았다. 많은 태양광 전지 메이커가 수익이 악화되어 세계적 톱기업도 2009년에는 고전을 면치 못했지만 한편에서는 그 와중에서도 수익 증가, 이익 증가를 기록한 기업도 있었다.

2009년 후반에는 태양전지 가격이 하락하여 시장을 자극함으로써 독일·이탈리아 등을 중심으로 하는 유럽 시장이 회복세로 돌아서고, 미국에서도 주(州) 정부와 전력회사를 중심으로 태양광 발전 도입이 늘어나기 시작했다.

그러나 이와 같은 과거 수년간 업계의 팽창과 경쟁 경과는 어쩌면 예선에 불과했다고 할 수도 있다. 2010년대는 태양광 발전 이용 확대의 제2스테이지에 돌입하게 되어 본격적인 경쟁이 예상되기 때문이다. 진정한 승자는 이제부터의 경쟁에서 결정될 것이다.

기업은 양적 경쟁, 가격 경쟁에다 고성능(고효율)·고품질화(장기 신뢰성)의 기술 경쟁, 용도 확장을 위한 제품·시스템 개발 경쟁에도 자원을 투자해야 하고, 국제적인 사업전략도 요구된다. 또 각국 정부는 태양광 발전이 초래할 효과를 기대하여 장기적 관점에서 산업 자립을 위한 지원책을 적극적으로 추진하고 있다.

첫째로, 미래의 에너지원으로서의 포텐셜 높이이다. 일사량이 양호한 내륙에서는 평균하여 $1\,m^2$당 연간 1700 kWh의 에너지를 태양으로부터 획득하고 있다. 지역에 따라 그 양은 다르겠지만 지구상 어디에서나 태양광의 혜택을 받을 수 있다. 국제에너지기구(IEA)는 세계 건조 사막의 불과 4%에 태양전지 모듈을 부설한다면 세계 전체 에너지 소비량에 맞먹는 전력을 얻을 수 있을 것이라 계산하고 있다.

두 번째는, 이산화탄소 (CO_2) 배출량 감축 효과이다. 이제까지의 화력발전소에서는 석탄이나 석유 등을 연소시킨 관계로 많은 양의 CO_2를 배출했다. 그러나 태양광 발전은 CO_2를 전혀 배출하지 않는다. 제조·설치 과정에서 소비하는 에너지를 고려한다 하여도 발전량 1 kWh당 CO_2 배출량은 화력 발전의 10분의 1 이하에 불과하다. 이 때문에 일반 전력을 태양광 발전으로 대체한다면 CO_2 배출량은 대폭 감축할 수 있다.

세 번째는, 태양광 발전의 이용 확대로 생겨나는 새로운 산업과 고용 효과이다. 태양전지와 주변기기, 원료, 부자재를 생산·공급하는 산업, 발전 설비의 설계, 조달, 설치, 보수, 관리를 담당하는 산업 등이 성장하여 2030년경에는 약 600조 원의 시장 규모와 약 1000만 명의 고용 효과가 창출될 것으로 예측하고 있다.

(2) 미국·유럽·일본 등의 태양광 발전 이용 확대 시나리오

미국과 유럽·일본 등 주요 국가들이 지향하는 태양광 발전 도입 시나리오와 전략을 살펴보면, 먼저 미국의 경우, 로드맵 'Our Solar Power Future (2004년)'에서 누적 설치량 목표를 2020년에 최대 3600만 kW, 2030년에 최대 2억 kW로 정했다. 앞으로 계속 늘어날 전력 수요에 대비하여 2025년에는 증가분의 약 50 %를 태양광 발전으로 충당한다는 것이 미국의 기본 골격이다.

2006년 당시의 부시 정권은 에너지의 해외 의존도 경감을 위한 새로운 정책(첨단 에너지 계획)을 입안하여 에너지원 다양화에 나섰다. 그 하나의 기둥인 '솔라 아메리카 계획'은 태양 에너지 기술의 폭넓은 상업화를 추진하여 국가의 전력공급 선택지로 한다는 것이었다. 2015년까지 태양광 발전 코스트 5~10 %/kWh을 목표로 하며, 2015년에는 태양광 발전 누적 설치 용량 5~10 GW (100~200만 가옥의 전력 수요에 상당), CO_2 배출량은 연간 1000만 톤 감축에다 태양광 발전 산업으로

3만 명의 신규 고용을 창출하겠다고 했다.

또 2009년 1월에 취임한 오바마 대통령은 당시의 경제위기에 대응하여 ① 금후 10년 사이에 500만 명의 그린 컬러 고용을 창출하고, ② 클린 에너지 사회를 구축하기 위해 민간기업을 육성하며, ③ 미국

표 1-2(1) **국내 태양광 발전소 설치 현황 (상위 10개소)**

발전소명	설비 용량	준공	사업자	모듈 (제조사)	인버터 (제조사)	건설 유형
신안 태양광 발전소	23980 kW	2008년 9월	동양 고속건설	Sharp	SunTechnics	폐염전 등
김천 태양광	18397 kW	2008년 9월	삼성 에버랜드	Sun Power	Siemens	산지 전용
고창 솔라파크	14984 kW	2008년 9월	고창 솔라파크	Solar World	SMA	활주로 부지
엘지 솔라 에너지	13772 kW	2008년 6월	엘지솔라 에너지	Conergy	SMA	폐염전 부지
영광 솔라파크	3000 kW	2008년 5월	한국수력 원자력	GE	SMA	원자력 발전소 內 유휴 부지
삼랑진 태양광	3000 kW	2008년 5월	한국 서부발전	Suntech	SMA	양수 발전소 內 유휴 부지
진도 태양광	3000 kW	2008년 6월	삼성물산	에스 에너지	SMA	폐염전 부지
장산 태양광	3000 kW	2008년 4월	장산 태양광	경동 솔라	Xantrex	산지 전용
백양 SP태양광	2890 kW	2008년 9월	(주)백양 솔라텍	YINGLI	SANREX	산지 전용
군위 솔라테크	2987 kW	2008년 9월	군위 솔라테크	Ligitek	Satcon	산지 전용

표 1-2(2) **국내 태양광 발전소 설치 현황(연도별)** (단위 : kW)

구분	2004년	2005년	2006년	2007년	2008년	총합계
1월			–	570	6925	7495
2월			–	133	9512	9645
3월		850	209	459	7305	8823
4월		34	3	1646	24427	26110
5월		30	198	1525	47106	48859
6월		11	803	294	22902	24010
7월		–	162	2851	18860	21873
8월		–	1504	4033	14333	19870
9월	200	6	1016	2265	101672	105159
10월	–	109	5011	3188	(67)	8308
11월	–	100	3	5388	(286)	5491
12월	–	3	103	6490	(157)	6596
총합계	200	1143	9012	28842	253042	292239

※ 2008년 10월 이후 설비 용량은 통계에서 제외

의 전력분야에서 재생 가능 에너지 비율을 2012년에 12 %, 2025년에는 25 %까지 높이며, ④ 2050년까지 지구 온난화 가스 배출을 80 % 감축하기 위한 CO_2의 캡 앤드 트레이드 등을 결정함으로써 그린산업(환경 관련 비즈니스)을 금후의 경제부흥 기본 틀로 정했다.

유럽에서는 1997년의 백서 '미래를 위한 에너지~재생 가능 에너지~'에서 전 에너지의 12 %를 재생 가능 에너지로 하는 목표를 설정하고, 2001년의 '재생 가능 에너지 지령'에서는 2010년까지 전 전력의 22 %를 재생 가능 에너지로 할 것을 의무화했다.

또 2008년 2월에 의회를 통과한 '유럽 기후변동 패키지'에서는 최종 에너지 소비에 대한 재생 가능 에너지 비율을 2020년에 20 %(전력 수요량에 대한 비율로는 약 35 %)로 하는 새로운 목표가 설정되었다.

이를 바탕으로 유럽 태양광 발전 산업협회 (EPIA)는 2020년 태양광 발전 전력 수요에 대한 비율을 종전의 3％에서 12％로 높이는 '유럽 솔라 계획'을 제안했다. 이 새로운 시나리오는 전 세계 태양광 발전 시스템의 연간 설치량이 2020년에는 최대 1억 6300만 kW에 이를 것으로 전망하고 있다.

일본 역시 '장기 에너지 수요 전망 (2008년 3월)'에서 태양광 발전을 2005년 실적의 140만 kW에서 2020년에 1400만 kW, 2030년에는 5300만 kW로 확대한다는 계획이다. 이처럼 미국과 유럽, 일본 등이 앞으로 10년, 20년을 내다보고 대담한 목표를 설정하고 있다. 여기에는 각국 모두 CO_2 감축의 강력한 수단으로 또 에너지 자급률 향상 및 산업 고용촉진 전략도 함께 내포되어 있다.

1·4 태양광 발전의 기술 개발

태양광 발전 기술은 아직 개발도상에 있으므로 많은 과제를 안고 있다. 계통 전력과 경쟁할 수 있는 상황을 실현하기 위해서는 서둘러 경제성 개선을 추진하고, 이용면에서도 발전량 변동에 대응한 이용 기술 등의 개발이 요구된다.

태양광 발전 시스템의 기술 개발 최종 목표는 태양광 발전으로 얻은 전력이 기존 전력과 동등한 편리성, 경제성, 안전성, 신뢰성을 확보하는데 있다. 태양광 발전 시스템의 도입량이 늘어나 전력의 기반 인프라 대부분을 감당하게 되었을 경우 에너지 공급이 확실하게 유지되어야 한다. 즉, 이용자가 원할 때 원하는 양만큼 합당한 가격으로 안전하게 전력공급이 이루어져야 한다.

발전 때 이산화탄소 (CO_2) 배출량이 없는 제로 에미션의 메리트도 최종적으로는 경제적 가치로 평가된다. '날씨에만 의존하는' 현재의 상황에서 벗어나 다양한 주변 기술과 이용 형태에 따라 태양광 발전이 코스트면, 편리성, 신뢰성에서 기존 전력과 동등한 수준에 이른다면 태양광 발전 시스템 개발은 대미를 장식하여 아무런 장애 없이 이용할 수 있는 사회가 실현될 것이다.

태양광 발전 시스템의 발전 코스트는 제조 코스트, 설치·운전경비, 생산 발전량 등으로 결정된다. 태양전지 모듈, 시스템 기기의 제조 코스트는 발전 코스트 전체의 1/3을 약간 상회하고 있으며, 이 코스트를 낮추기 위해서는 고성능 (변환효율의 향상), 낮은 코스트로 제조할 수 있는 제조 기술 개발이 필수적이다. 변환효율이 향상된다면 설치 면적을 줄일 수 있기 때문에 태양전지 모듈 수량을 줄일 수 있을 뿐만 아니라 배선과 가대, 토지 면적도 감소하여 코스트 다운에 기여할 수 있다.

또 시스템 기기의 코스트 다운화에는 양산 (量産) 규모의 확대뿐만 아니라, 양산 효과를 높이기 위한 제품의 규격화·표준화를 추진하는 것도 중요하다. 태양광 발전 시스템의 설계·설치 공사를 포함한 판매 코스트는 발전 코스트 전체의 30~50 %에 이른다. 그러므로 설치 공사비의 절감과 함께 합리적 시공이 가능한 시스템 설계도 중요하다.

용도에 합당한 시스템 구성 외에 모듈의 경량화, 치수와 시방의 규격화·표준화가 필요하며, 전기사업법과 건축기준법 등과의 합치성을 조화시켜 나가는 것도 중요하다. 또 유통 경비도 판매·설치 코스트의 큰 부분을 차지하므로 유통 체계의 합리화와 각종 허가·신고 요건에 대한 간소화도 필요하다.

태양광 발전의 발전 코스트를 낮추기 위해서는 긴 수명화로 생산 발전량을 증가시키는 방법도 유력하며, 수명을 길게 하려면 태양전지 모듈과 주변기기, 배선 등의 부품·부재의 내구성 향상, 시스템 운영 중의 고장 진단 등에 의한 정비 체제의 확립도 중요하다.

한편, 태양광 발전은 본래 목적인 발전 외에도 환경 효과 등 여러가지 부가 효과도 기대할 수 있으며, 이를 평가할 수 있다면 한층 더 경제성을 개선할 수 있다. 예를 들면, 건재 일체형 모듈로 건축 부재를 대체하거나 단열성과 방음성 등의 기능, CO_2 감축 등의 환경 효과와 성(省) 에너지 효과 등을 들 수 있다.

태양광 발전 이용면에서의 과제는 날씨에 좌우되는 발전량과 전력 수요가 일치하지 않는 점, 전력계통에 대한 연계량과 연계밀도에 제약 등을 들 수 있다. 이러한 요소들을 해결하기 위해서는 축전 기능과 수요 예측에 의한 출력 평준화 등 태양광 발전 쪽에서의 대응책과 송 배전선의 증강, 주파수와 전압의 안정화 대책, 에너지 저장 등 전력 계통 측의 노력도 필수적이다. 단, 이 경우에도 유용성과 경제성을 평가하여 추진하는 것이 중요하며, 예컨대 전기자동차 등을 활용한 조정력 확보 등도 해결책의 하나일 것으로 생각된다.

(1) 미국의 기술 개발 실태

미국에서는 이제까지 국립 태양광 발전센터(NCPV)에 의해서 복수 년의 '태양광 발전 프로그램'이 책정되어 연구 개발이 진행되어 왔다. 그러나 부시 전 대통령이 표명한 '첨단 에너지 계획(AEI)'에 따라 2007년부터 에너지부(DOE)가 직접 관할하는 '솔라 아메리카 계획 (SAI)'으로 옮겨져 집중적으로 자금을 투자하여 기술 개발을 진행하 고 있다.

SAI에서는 태양 에너지 기술의 폭넓은 상업화를 추진하여 국가의 전력공급 선택지를 목표로 2015년까지 계통 전력과의 경제적인 등가 (等價 ; 그리드 패리티, 미국에서는 5~10 %/kWh)의 실현을 노리고 있 다. 미국 에너지부(DOE)의 성 에너지 · 재생 가능 에너지국(EERE)의 2007년도 연구 개발 예산은 전년도 대비 약 7000만 달러 증액되었 다. 또 오바마 정권 아래서 경기 대책을 목적으로하는 미국 부흥 재 투자법(ARRA)의 일환으로 2009년도에 태양 에너지 개발과 관련된 예산이 1억 1700만 달러 추가된 것 외에 2010년에도 약 3억 2000만 달러로 태양 에너지 관련 개발 예산이 대폭 증가되었다.

DOE/EERE에서는 태양전지의 공업생산과 시스템 개발에 대한 '테

크놀로지 패스웨이 파트너십 (TPP)', '태양 에너지 계통연계 시스템', 중소기업 대상의 '태양전지 모듈 인큐베이터', 차세대 기술을 위한 '기초과학 연구 개발', '차세대 태양전지 프로젝트' 등의 기술 개발 프로젝트를 진행하고 있다.

미국에서의 태양광 발전 연구 개발은 기초 연구에서부터 차세대 개발, 응용 개발, 생산기술 개발, 시장 이전까지 일관된 개발 프로그램이 배치되어 있는 점이 특징이다. 또 인큐베이터 프로그램에서는 중소기업 기술혁신 재도 (SBIR)에 따라 벤처기업을 적극 지원하고 있으며 하이리스트 · 하이리턴형 프로젝트에도 적극적으로 대응하고 있다. 그리고 2007년에는 기존의 '태양전지 기술 로드맵'을 손질하여 새로운 '태양전지 기술 로드맵'을 착정하였으며, 이 새로운 로드맵은 달성 시기를 5년이나 앞당긴 야심찬 목표를 설정하고 있다.

또 DOE에서는 2010년에 새로운 로드맵 'solar vision'을 책정했다. 이 로드맵에서는 2030년까지 전력 수요의 10~20 %를 태양 에너지로 충당하는 경우에 대하여 기술적 측면, 경제적 측면, 환경적 측면에서 실현 가능성을 조사하고 비전 달성을 위한 연구, 개발, 실증 및 보급의 방향성과 정책을 특정하는 것을 목적으로 하고 있다. 책정 위원회에는 DOE, 정부계열 연구기관, 전력회사, 대학, 금융기관, 태양광 발전업계, 업계 단체가 참여하고, 로드맵 내용에 따라 워킹그룹이 설립되어 각종 과제를 다루고 있으며, 현 단계에서는 표 1-3과 같이 2개의 시나리오를 작성하고, 이들 시나리오 달성에 필요한 연구 개발에서 보급 환경과 자금 조달까지 폭넓은 사항에 대처해 나갈 계획이다.

한편, 국방부 (DOD)에서도 태양전지와 관련하여 거액의 연구 개발 예산이 투입되고 있다. 그 한 예로, DOD 산하의 국방 고등 연구 사무국 (DARPA)에서 '초고효율 태양전지 셀 (VHESC) 프로그램'이 진행되고 있다. 최근 군대 병사들 장비품도 전장화 (電裝化)되어 현지에서 직접 에너지를 얻을 수 있는 휴대성 진원 애플리케이션이 요구되고 있다.

표 1-3 solar america 계획에 의한 발전 코스트 절감과 도입량
확대 전망

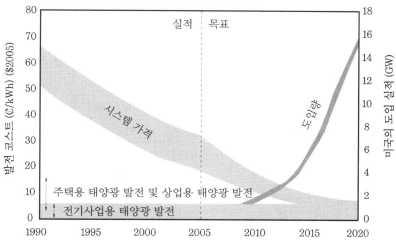

시장 섹터	현재의 미국시장 가격범위 (￠/kWh)	2005년 코스트 수준 (￠/kWh)	2010년 코스트 목표 (￠/kWh)	2015년 코스트 목표 (￠/kWh)
주택용 태양광 발전	5.8~16.7	23~32	13~18	8~10
상업용 태양광 발전	5.4~15.0	16~22	9~12	6~8
전기사업용 태양광 발전	4.0~7.6	13~22	10~15	5~7

출처 : Marie Mapeds, US DOE, "An Overview of the U.S. Department of
Energy Solar Program", PVSEC-17, Fukuoka (2007년 12월).

표 1-4   **미국의 solar vision 목표안**

		2030년의 연간 시장규모	2030년까지의 누적 도입량	2050년의 누적 도입량
10 % 시나리오	CSP	7 GW/년	75 GW	190 GW
	집중형 PV	11 GW/년	120 GW	310 GW
	분산형 PV	5 GW/년	60 GW	155 GW
	합계	23 GW/년	255 GW	655 GW
	PV단독	16 GW/년	180 GW	465 GW
20 % 시나리오	CSP	11 GW/년	120 GW	310 GW
	집중형 PV	18 GW/년	200 GW	510 GW
	분산형 PV	9 GW/년	100 GW	255 GW
	합계	38 GW/년	420 GW	1075 GW
	PV 단독	27 GW/년	300 GW	765 GW

출처 : R. Margolis, NREL, 'solar vision study workshop', 2009. 10. 6.

표 1-5   **미국의 연구 개발에서 변환효율과 모듈 제조 코스트 목표**

종 류	항 목	현상 (2007년)	목표 (2015년)
결정 Si	효율 (연구 단계, 베스트 셀)	25 %	27 %
	효율 (상업화, 모듈)	12~18 %	15~21 %
	모듈 제조 코스트	2달러/W (30달러/kg-Si)	1달러/W
비정질 Si	안정화 효율 (연구 단계, 베스트 셀)	13 %	15 %
	안정화 효율 (상업화, 모듈)	5~8 %	10~13 %
	모듈 제조 코스트	125~200달러/m^2	0.45~0.70달러/W (70달러/m^2)
결정계 박막	효율 (연구 단계, 베스트 셀)	10 %	16~18 %
	효율 (상업화, 모듈)	5~6 %	13~16 %
	모듈 제조 코스트	–	0.50달러/W

CdTe	효율(연구 단계, 베스트 셀)	16.5 %	18~20 %
	효율(상업화, 모듈)	> 9 %	13 %
	모듈 제조 코스트	1.21달러/W	0.70달러
CIGS	효율(연구 단계, 베스트 셀)	19.5 %	21~23 %
	효율(상업화, 모듈)	5~11 %	10~15 %
	모듈 제조 코스트	< 2달러/W	~1달러/W

출처 : 미국 DOE/EERE 'sETP muiti year program plan 2008~2012', 2008. 4.

그 때문에 VHESC 프로그램에서는 50개월에 걸친 연구기간에 변환 효율 50 %의 태양전지 실증을 목표로 개발을 진행하고 있다.

또 DARPA에서는 무인 정찰기에 탑재하는 가벼운 초고효율 태양전지 연구를, 국가안전우주국(NSSO)에서는 인공위성이 발전한 전력을 마이 크로파로 지상에 송전하는 우주 태양광 발전 프로젝트가 추진되고 있다.

(2) 유럽 및 일본의 기술 개발 실태

유럽연합은 2005년 전 유럽적인 자문조직으로 '유럽 태양광 발전 기술 프래트폼(PVTP)'을 성립하고, 모든 관계자가 유럽의 장기적 태양광 발전 비전을 공유하며 산업분야에서 유럽의 리더십을 확립하는 것을 목표로 내걸었다. 그리고 PVTP의 틀 안에서 '태양광 발전 전략 연구 개발계획(SAR)'이 검토되어 2030~2050년을 목표로 하는 '태양광 발전 로드맵'이 제시되었다.

SRA에서는 ① 태양전지 셀·모듈 기술 개발, ② 집광 기술 개발, ③ 주변장치 및 시스템 개발, ④ 표준화·품질보증·안전·환경에 관한 제반 과제 해결, ⑤ 사회 경제 연구분야 등을 중점 개발 항목으로 설정하고, 표 1-6과 같이 태양광 발전 시스템의 코스트를 2020년까지 2.0유로/WP, 2030년까지 1.0유로/kWh, 2030년까지는 도매가격과 경쟁할 수 있는 0.06유로/kWh로 낮추는 것을 목표로 정했다.

표 1-6 　유럽 위원회 (제6차 기본 프로그램)에서의 주요 태양광 발전
연구 개발 프로젝트

종 류	프로젝트 약칭(기간)	테마와 조정기관
종합 프로젝트 (IP)	crystalclear (2004/1/1~ 2008/12/31)	낮은 코스트・높은 변환효율・높은 신뢰성의 태양전지 모듈을 위한 실리콘계 태양전지 기술 개발 (네덜란드 에너지 연구재단 (ECN))
	fullspectrum (2003/11/1~ 2008/10/30)	초고효율 태양전지 개발을 위한 제3세대 태양전지 재료 및 기술 혁신 (스페인 마드리드대 (UPM・IES))
	performance (2006/1/1~ 2009/12/31)	건물 일체형 PV 규범 등, 성능 평가에 집중한 예비 규범적 활동 (독일, 후라운호파 태양 에너지 시스템 연구소 (FhG-ISE))
	athlet (2006/1/1~ 2009/12/31)	저가 박막 태양전지 모듈의 최첨단 기술 (독일 반 마이트나 연구소 (HMI))
특정목표 연구 프로젝트 (STREP)	hiconpv (2004/1/1~ 2006/12/31)	고집광형 태양전지 시스템의 연구 개발 (스페인 SOL UCAL)
	bip-cis (2004/1/1~ 2007/12/31)	기존 건축물을 위한 CIS 박막 태양전지 건물 일체형 태양광 발전 시스템 (독일 태양 에너지・수소 연구센터 (ZSW))
	molisell + flexicell (2004/1/1~ 2006/6/30)	분자재료 및 하이브리드 나노결정/유기 태양전지 (프랑스 원자력 위원회 에너지 연구 그룹 (CEA-FENEC))
	flexcellence (2005/11/1~ 2008/9/30)	저가 롤, 투・롤 기술을 사용한 박막 실리콘 PV 모듈의 공업생산 (스위스 누샤텔대학)
특정목표 연구 프로젝트 (STREP)	larcis (2005/11/1~ 2008/10/31)	MW급 생산에 필요한 대규모 CIS 모듈 (독일 태양 에너지・수소 연구센터 (ZSW))
	foxy (2006/1/1~ 2008/12/31)	태양전지 실리콘 원료, 웨이퍼, 셀 (노르웨이, SINTEF Materials & Chemistry)

출처 : http://europa.eu.int (2006년 3월)

또 2007년 11월에는 유럽위원회가 '전략적 에너지 기술 계획 (SET)'를 발표하여, 2020년까지 온실가스를 20 % 감축하고, 재생 가능 에너지 비율을 20 %까지 확대하며, 1차 에너지 사용량을 20 % 감축하는 등 야심찬 목표를 설정했다. 이 SET에서 태양광 발전은 목표 달성을 위한 중요한 한 지주가 되고 있다. 또 2009년에는 SRA를 바탕으로 한 실행 계획을 발표하여 장기간에 걸친 태양광 발전 관련 연구 개발 예산의 계속과 증액 필요성을 강조하고 있다.

구체적인 연구 개발에 관해서는 각국이 개별적으로 개발 프로그램을 가지고 있으나 유럽 전체로서는 유럽 위원회의 기본 프로그램 (FD)에서 결정 실리콘 태양전지를 비롯한 각종 태양전지와 유기 박막계 및 양자 나노구조형 태양전지 등의 신기술, 계통 연계, 특성 평가, 규격 · 인증 등에 관한 기술 개발 등 광범위한 대상에 대하여 기초 기술에서 응용 기술까지 개발을 진행하고 있다.

FD에서는 복수의 나라, 복수의 연구기관이 여러 해에 걸쳐 공동으로 연구하는 컨소시엄 연구가 실시되고 있다. 공모기간이 2002년~2006년인 제6차 기본 프로그램 (FP6)은 2009년 말에 모든 프로젝트를 완료했다. FP6에서 태양광 발전 관련 연구 개발 예산은 총 1억 6500만 유로로, 33개 프로젝트가 실시되었다.

개발 프로젝트로는 낮은 코스트 · 높은 변환효율 · 높은 신뢰성 태양전지 모듈을 위한 실리콘계 태양전기 기술을 개발한 'crystal clear' 프로젝트, 초고효율 태양전지를 위한 제3세대 태양전지 재료 개발을 위한 'fullspectrum' 프로젝트, 저가 박막 태양전지 모듈 개발을 향한 'athlet' 프로젝트 등이 큰 성과를 거두었으며 이 중 몇 가지는 이미 산업계에 기술이 이전되었다.

한편 일본에서는 경제산업성 산하 외곽 단체인 신 에너지 산업기술 종합개발기구 (NEDO)가 태양광 발전 기술 개발을 주도하고 있으며, 2004년에 태양광 발전 '로드맵 PC 2030'을 책정한 바 있다. 이 로드맵은 기술 개발을 효율적으로 촉진하는 기본 방침을 제시한 것으로 폭넓게 이용되었다.

한편, 일본은 경제산업성 산하 외곽 단체인 신에너지 산업기술 종합개발기구 (NEDO)가 2004년에 태양광 발전 기술 개발 추진을 목적으로 태양광 발전 '로드맵 PV 2030'을 책정하여 2030년까지의 기술 개발 과정을 제시했다. 그러나 이후 원유 가격의 폭등과 여러 외국의 태양광 발전 산업의 급속한 약진에 자극받아 태양광 발전 기술 개발을 더욱 강화할 필요성을 절감하고 로드맵 2030을 다시 개정하여 2009년에 새로운 로드맵 PV 2030을 발표했다. 새로운 로드맵 PV 2030에서는 '2050년까지 태양광 발전을 CO_2 발생량 반감에 일익을 담당할 주요 기술로 육성하며 일본뿐만 아니라, 글로벌한 사회에 공헌'하는 것을 목표로 책정했다.

로드맵 PV 2030+에서는 시간적인 스판을 2030년에서 2050년까지 확대하여, 지구 온난화 문제에 공헌할 수 있도록 양적 확대하여 2050년의 일본 내 1차 에너지 수요의 5~10 %를 태양광 발전이 감당하는 것으로 목표를 잡고, 해외에 대해서는 수요량의 1/3 정도를 공급하는 것을 상정하고 있다.

해양 에너지

해양 에너지

지구 표면의 70 %는 바다로 덮혀 있다. 그 전체 넓이는 3억 6천만 km^2에 이르고, 평균 깊이는 3795 m이므로 지구에는 13.662 km^3의 바닷물이 존재하는 셈이다. 태양계의 여러 행성 중에서 오직 지구만이 이 방대한 바닷물을 간직하고 있다.

바다는 지구가 탄생한 1억 년 정도 후에 탄생한 것으로 알려져 있다. 이 바다의 탄생에 관해서는 몇 가지 다른 주장들도 있다. 지구상에 바다가 탄생하였을 때 바다에는 생명체를 탄생시키는 데 필요한 많은 물질이 포함되어 있었고 이 바다가 있음으로해서 오늘날의 지구 생명체가 탄생할 수 있었다고 한다. 그래서 바다는 인류의 어머니라고 표현하는 사람들도 있다.

지구상의 생명체는 지금으로부터 약 6억 년 전에 탄생한 것으로 추정하고 있다. 지구상에서 최초로 탄생한 생명체는 생명체라고 표현하기에는 미흡한 화학 물질과 같은 것이었지만, 그것이 바닷속에서 탄생하고 점차 진화하여 오늘날의 생명체로 발전하였을 것으로 믿어진다. 인류가 탄생한 것은 지금으로부터 500만 년 전 내지 150만 년 전으로 추정되지만, 원시 생명체의 탄생에서부터 미루어 본다면 인류는 젊은 생명체라 간주할 수 있다.

인류가 원숭이에서부터 진화하였을 때 큰 역할을 한 것은 에너지였다. 인류는 자신이 가지고 있는 것 이외의 에너지를 이용할 수 있음으로써 원숭이에서 진화할 수 있었다고 한다. 인간은 에너지를 이용할 수 있음으로 해서 여러 가지 도구와 기계를 발명했고, 그 발명을 바탕으로 자유로운 시간을 창출하거나 시간을 촉진시킬 수 있었을 것이라고 한다. 이 '자유로운 시간의 창출'과 '시간의 가속화'가 인간에게 생각하는 시간을 부여했다. 이 '생각하는 시간의 창출'이 다시 '인간 두뇌의 활성화'를 촉진했다고 할 수 있다. 그리고 이 '인간 두뇌의 활성화'가 과학기술을 발전시켜 새로운 발견을 낳고, 새로운 에너지 변환기기의 발명으로 이어지게 되었다.

이와 같은 사실로 미루어보아서도 알 수 있듯이, 인간이 에너지를 이용하는 것은 '인간 두뇌의 활성화'에 연유한다 하여도 틀린 말이 아니다. 인간이 장차 풍요롭고 안정된 생활을 영위하기 위해서는 자신의 뇌세포를 활성화시켜 나갈 필요가 있다. 그러기 위해서는 각자 더욱 많은 에너지 이용에 노력해야 한다.

인간이 본격적으로 화석연료를 사용하기 시작한 것은 '에너지'란 용어가 쓰이기 시작한 1851년부터라고 생각할 수 있다. 그 이전까지는 화석연료로부터 동력을 이끌어내는 이론이 확립되어 있지 않았기 때문에 화석연료의 대량 사용은 볼 수 없었다.

그러나 1851년에 랭킨 (William John Macquorn 1820~1872)이 랭킨 사이클 (Rankine cycle)을 발명하자 화석연료를 사용한 열기관의 효율이 향상되고, 경제성이 제고되었으므로 화석연료의 사용이 급격하게 늘어나기 시작했다. 화석연료의 사용이 늘어나면 당연히 이산화탄소 (CO_2)의 배출량도 증가하기 마련이다. CO_2의 배출 증가 상황을 보면 1820년대부터 증가하기 시작하는 것을 알 수 있다. CO_2의 증가는 당연히 지구 환경의 온난화 현상을 야기하게 되고, 지구의 온난화는 지구 환경의 파괴를 야기할 가능성이 있다.

에너지는 본래 인간의 뇌세포 활성화를 촉진시켜 왔음에도 불구하고 그 에너지의 사용으로 인하여 이제 인류는 생활의 토대가 되는 지구를 파괴시키는 아이러니에 봉착하게 되었다. 이 CO_2의 절감을 위해서는 현재 주된 에너지원이 되고 있는 석탄, 석유, 가스의 사용을 제한하고 재생 가능한 에너지 개발을 서두를 필요가 있다. 재생 가능 에너지 중에서 지금 각광을 받고 있는 것이 태양광 발전인데, 이것은 오랜 노력의 결과 이제 경제적으로도 성립 범위에 진입한 것으로 전망된다.

이제까지 언급한 에너지는 모두 육지나 지구 밖의 에너지였지만 지구에는 또 하나의 거대한 에너지원이 존재한다. 그것이 바로 여기서 다루려하는 바다이다.

2·1 바다의 에너지와 에너지 물질

(1) 생명체의 주요 원소와 해수에 존재하는 주요 원소

바다의 에너지라고 하면 곧바로 조류 발전, 파력 발전, 해양 온도차 발전 등을 생각하는 사람들이 많겠지만, 바다의 에너지를 다룰 때 바닷속에 존재하는 생명체를 유지하고 있는 물질을 무시할 수 없다. 앞서 생명은 바다에서 탄생하였다고 기술한 바 있는데, 바다는 지금 이 시점에도 생명체에 에너지 물질을 계속 공급하고 있다 해도 과언이 아니다. 그것은 바닷속에 존재하는 생명체 물질, 즉 생명체를 구성하는 에너지 물질이다.

표 2-1은 인체, 바닷물, 지구 표층에 존재하는 주요 원소를 비교한 것이다. 인체의 성분과 바닷속 원소의 순위는 매우 유사하다. 그러나 지표에 많이 존재하는 원소와 인체의 원소 순위에는 아무런 상관이 없는 것을 알 수 있다.

표 2-1 **인체, 바닷물, 지구 표층에 존재하는 주요 원소**

함유 순위	1	2	3	4	5	6	7	8	9	10	(11)
인체	H	O	C	N	Ca	P	S	Na	K	Cl	(Mg)
바닷물	H	O	Cl	Na	Mg	S	Ca	K	C	N	
지구 표층	O	Si	H	Al	Na	Ca	Fe	Mg	K	Ti	

바닷물 속의 이와 같은 원소들은 바닷속의 생물 순환－예컨대 플랑크톤→작은 고기→중간 고기→큰 고기 따위의 순환－을 통하여 각 어류에 흡수되고, 그 어류들을 인간이 먹음으로써 인체에 흡수되어 생명체의 에너지원이 되고 있다.

바닷물 속에는 또 21세기 이후의 에너지원으로 기대되는 물질이 존재하고 있다. 그것은 바로 리튬(Li)과 우라늄(U)이다. 리튬과 우라늄의 채굴에 관해서는 뒤에서 상세하게 설명하기로 하겠다. 표 2-2는 바닷물 속에 포함되어 있는 원소를 예시한 것이다.

표 2-2 **바닷물에 포함되어 있는 원소**

원 소		평균 농도(ng/kg)	원 소		평균 농도(ng/kg)
Cl	염소	19350000000	Re	레늄	7.8
Na	나트륨	10780000000	He	헬륨	7.6
Mg	마그네슘	1280000000	Ti	티탄	6.5
S	황	898000000	La	란탄	5.6
Ca	칼슘	412000000	Ge	게르마늄	5.5
K	칼륨	399000000	Nb	나이오븀	<5
Br	브롬	67000000	Hf	하프늄	3.4
C	탄소	27000000	Nd	네오디뮴	3.3
N	질소	8720000	Pb	납	2.7
Sr	스트론튬	7800000	Ta	탄탈	<2.5
B	붕소	4500000	Ag	은	2.0
O	산소	2800000	Co	코발트	1.2
Si	규소	2800000	Ga	갈륨	1.2
F	플루오르	1300000	Er	에르븀	1.2
Ar	아르곤	620000	Yb	이테르븀	1.2
Li	리튬	180000	Dy	디스프로슘	1.1
Rb	루비듐	120000	Gd	가돌리늄	0.9
P	인	62000	Pr	프라세오디뮴	0.7
l	요오드	58000	Ce	세륨	0.7
Ba	바륨	15000	Sc	스칸듐	0.7
Mo	몰리브덴	10000·	Sm	사마륨	0.57
U	우라늄	3200	Sn	주석	0.5

원 소		평균 농도 (ng/kg)	원 소		평균 농도 (ng/kg)
V	바나듐	2000	Ho	홀뮴	0.36
As	비소	1200	Lu	루테튬	0.23
Ni	니켈	480	Be	베릴륨	0.21
Zn	아연	350	Tm	툴륨	0.2
Kr	크립톤	310	Eu	유로퓸	0.17
Cs	세슘	306	Tb	터븀	0.17
Cr	크롬	212	Hg	수은	0.14
Sb	안티몬	200	Rh	로듐	0.08
Ne	네온	160	Te	텔루르	0.07
Se	셀렌	155	Pd	팔라듐	0.06
Cu	구리	150	Pt	백금	0.05
Cd	카드뮴	70	Bi	비스무트	0.03
Xe	크세논	66	Au	금	0.02
Fe	철	30	Th	토륨	0.02
Al	알루미늄	30	In	인듐	0.01
Mn	망간	20	Ru	루테늄	< 0.005
Y	이트륨	17	Os	오스뮴	0.002
Zr	지르코늄	15	Ir	이리듐	0.00013
Tl	탈륨	13	Ra	라듐	0.00013
W	텅스텐	10			

㊟ 바닷물 속에는 지상에서 알려져 있는 103종의 원소 중 단수명 방사성 원소를 제외한 모든 원소가 포함되어 있다. 여기서 수소와 산소는 제외했다.

2·2 해양 에너지의 종류와 특징

바닷물의 에너지 물질을 포함하여 해양의 에너지는 그림 2-1과 같이 크게 나눌 수 있다. 이 장에서는 이들 에너지 중 열 에너지와 역학적 에너지에 관하여 설명하도록 하겠다.

그림 2-1에서 보는 바와 같이 해양 에너지는 그 종류가 많고, 뒤에서 기술하는 바와 같이 에너지양은 21세기 인류가 필요로 하는 에너지양을 감당하기에 충분하다. 해양 에너지의 특징을 살펴보면,

① 해양 에너지는 화석연료와는 달리 재생 가능한 에너지(rene-wable energy)이다.

② 해양 에너지는 청정 에너지이다. 해양 에너지는 현재 문제가 되고 있는 이산화탄소(CO_2) 문제와 질소산화물(NO_x) 문제로 인한 지구 온난화 문제를 발생시킬 가능성이 거의 없다.

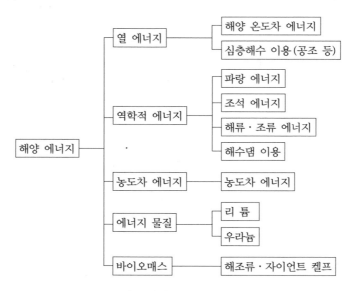

그림 2-1 **해양 에너지와 에너지 물질의 분류**

③ 뿐만 아니라, 해양 에너지를 이용함으로써 CO_2 문제의 해결을 기대할 수 있다(이 점에 관해서는 뒤에서 다시 기술하겠다).

④ 그림 2-1에 표시한 해양 에너지는 지구상 어느 지역에서도 이용이 가능하므로 전체적으로 볼 때 지리적 편재(偏在)가 없다. 적도를 기준으로 낮은 위도(북위 40도, 남위 40도 이내) 지역에서는 해양 온도차 발전이 가능한 곳이 많다. 북반구에서는 고위도에서 조석 발전이, 중위도에서는 파력 발전이 각각 가능하다. 한편, 남반구에서는 반대로 중위도에서는 조석 발전이, 높은 위도에서는 파력 발전이 각각 가능하다.

⑤ 해양 에너지는 자연 에너지이기 때문에 시간, 시기적 변동이 따른다. 이 점에 관해서는 해양 온도차 발전의 경우 다른 자연 에너지에 비하여 시간적, 시기적 변동이 작은 편이다.

⑥ 해양 에너지는 화석연료에 비하여 전기 에너지로의 변환효율이 작다.

해양 에너지는 이와 같은 특징을 가지고 있으므로 그것을 이용함에 있어서는 이러한 특징들을 충분히 감안하여 이용 형태를 결정해야 한다.

2·3 조석 에너지

(1) 조석과 조석 에너지양

지구와 달 그리고 지구와 태양과의 상대적인 천체 운동이 원인으로 지구상의 바다면(海面)이 하루에 약 2번 주기로, 혹은 하루에 한 번 주기로 상하 운동을 하는 현상을 조석(潮汐)이라 한다. 이 조석의 에너지를 이용한 것이 조석 에너지이다.

해면의 높이를 조위(潮位)라고 한다. 조위가 가장 높아진 때를 만조(high tide) 혹은 고조(high water), 가장 낮아진 때를 간조(low tide) 혹은 저조(low water)라고 한다. 우리나라에서는 일반적으로 만조, 간조로 표현하고 만조와 간조의 차를 조위차(潮位差) 혹은 '간만의 차'라고 한다. 또 매월 음력 보름과 그믐 무렵에 조위가 가장 높고, 이때를 대조(spring tide) 혹은 큰사리라고 하고, 매월 음력 7~8일과 22~23일경에 조위가 가장 낮아 이때를 소조(neap tide) 혹은 조금(neap tide)이라 한다.

조석 에너지는 주로 조석 발전에 이용되고 있으며 조석 발전을 위해서는 간만의 차가 커야 경제성이 있다. 표 2-3은 세계 여러 곳의 최대 조위차를 예로 든 것이다.

조석 발전을 하기 위해서는 5 m 이상의 조위차가 있어야 한다. 우리나라에서는 조위차가 큰 곳은 주로 서해 연안이고, 그 중에서도 인천은 최대 13.2 m에 이른 기록도 있다. 또 지구 전체의 조석 에너지양은 약 3×10^9 kW로 알려지고 있으나 실제로 이용할 수 있는 양은 이 중의 1~2 %에 불과할 것으로 추산되고 있다.

표 2-3 세계 각지의 최대 조위차

지 명	국가명	최대 조위차(m)
멍크턴(Moncton)	캐나다	16.0
세번(Severn)하구	영 국	15.5
조단(Jordan)	캐나다	15.4
피츠로이(Fizroy)	오스트레일리아	14.7
그랑빌(Granvill)	프랑스	14.5
랑 스(Rance)	프랑스	13.5
리오가예고스(Rio Gallegos)	아르헨티나	13.3
인천(Incheon)	한 국	13.2
바우나가르(Bhaunagar)	인 도	12.0
앵커리지(Anchorage)	미 국	12.0
아나도리(Anadory)	러시아	11.0
아리아케(Ariake) 해	일 본	4.9

(2) 조석 발전의 원리

조석 발전은 크게 나누어 단저수지형 인조(단방향) 발전 방식과 단저수지형 양방향 발전 방식(양수 병용), 2저수지형 양방향 발전 방식 등의 3방식으로 분류할 수 있다. 여기서는 우리나라 시화호 조력 발전소에서도 채용하고 있는 저수지형 인조(引潮) 발전 방식에 대하여 조석 발전의 원리를 소개하겠다.

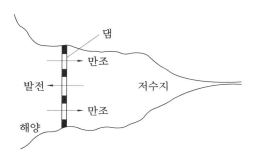

그림 2-2 **조류 발전의 원리**

그림 2-2는 조력 발전의 원리도이다. ① 먼저 조석의 차가 큰 만이나 하구에 댐을 축조하고, ② 그 댐에는 조위가 높아질 때 바닷물이 유입하도록 수문을 만든다. ③ 수위가 최대가 되었을 때 수문을 닫는다. ④ 댐에는 수차 발전기가 설치되어 있다. ⑤ 간조가 시작되어 발전이 가능한 조위차에 이르렀을 때 댐의 수문을 열면 수차 발전기가 회전하여 발전하게 된다.

세계 각지에서 건설되고 있는 조류 발전소를 표 2-4에 보기로 들었다. 단, 이 표에는 계획 중인 것도 포함되어 있다.

표 2-4 세계의 주요 조력 발전소 (현존과 건설 중 또는 계획단계)

국가명	발전소명·계획 (장소)	최대 조위차 (m)	평균 조위차 (m)	댐 길이 (km)	수차 형식	발전기 정격 (MW)	지수	최대 출력 (MW)	연간발생 전력량 (Wh)	완성 연도
프랑스	랑스 발전소	13.0	8.5	0.75	(카프란)밸브형	10	24	240	540 G	1967
영국	세번만 발전소	15.5	8.5	19	관차식 스트레이트 플로우형	25	160	4000	13~20 T	
영국	세번만 발전소			16.3				7200	14.4 T	
영국				7.1				972	2.8 T	
영국	머지강		8.4	1.2	지름 7.6 m	25	28	1550	1500 G	
캐나다	펀디만	16.2	9.8		스트레이트 플로우형	20		1085	1500 G	
캐나다	펀디만	16	10.1					3800		
캐나다	펀디만	16	10.7		밸브형 7.6 m	18				
캐나다	펀디만	15.8	6.4		밸브형	8	2	16	30 G	1984
미국	하프문만		5.5					1440		
미국	쿡만(알래스카)									
중국	장하발전소	8.39	5	690	밸브형 런너 지름 2.5 m	500 kW	6	3	10 G	
인도	커치만		5.3	20				600		
러시아	키스라야 실험용 발전소	9	5.7		밸브형	400 kW	2	0.4		
러시아	메젠만	9	6.6			19	800	15000		
러시아	투구루(Tugur)만			72				10000	200 T	
대한민국	가로림만	13~14		2		20	24	480	893 G	계획중

2·4 해류 에너지와 조류 에너지

(1) 해류와 에너지양

해류는 태양으로부터 받는 열 에너지가 불균일하게 유입됨으로써 생긴 해류 작용에 의해서 발생한 열유체 운동이다. 해면에 내려쏟는 태양열의 에너지 분포는 지구 표면에서 균일하지 않다. 즉, 태양열 분포는 적도 부근의 낮은 위도일수록 크고, 북극이나 남극 부근의 높은 위도일수록 작아진다. 이 때문에 바다 표면의 해수에는 밀도차가 생겨 대류현상(對流現像)이 발생한다. 여기에 지구 자전으로 인한 관성력이 부가되어 해양에는 해수의 대순환이 지구 규모로 발생한다.

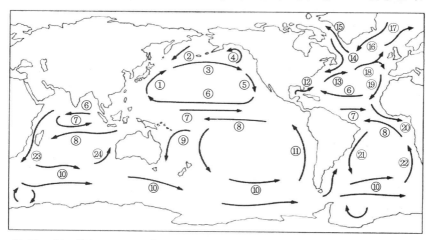

① 쿠로시오 해류　　⑨ 동오스트레일리아 해류　　⑰ 노르웨이 해류
② 오야시오 해류　　⑩ 남극 환류 (주극류)　　⑱ 북대서양 해류
③ 북태평양 해류　　⑪ 페루 해류　　⑲ 카나리아 해류
④ 알래스카 해류　　⑫ 플로리다 해류　　⑳ 기니아 해류
⑤ 캘리포니아 해류　　⑬ 멕시코 해류　　㉑ 브라질 해류
⑥ 북적도 해류　　⑭ 래브라도 해류　　㉒ 벵겔라 해류
⑦ 적도 반류　　⑮ 남그린랜드 해류　　㉓ 아그리아스 해류
⑧ 남적도 해류　　⑯ 동그린랜드 해류　　㉔ 오스트레일리아 해류

그림 2-3　세계의 주요 해류

이 대순환에 의한 해수의 흐름을 해류라고 한다. 그림 2-3은 세계의 주요 해류 분포도이다. 일반적으로 해류는 북반구에서는 시계 방향으로 흐르고 남반구에서는 반시계 방향으로 흐른다.

전 세계의 조류 에너지는 5×10^7 kW 정도로 추산되고 있으며, 북반구의 2대 조류인 쿠로시오의 유량은 3000~5000만 m^3/s, 유속은 1~5노트(0.5~2.5 m^3/s)로 쿠로시오의 폭은 최대 120 km로 알려지고 있다. 쿠로시오가 가진 에너지는 800~1600만 kW로 추산된다.

(2) 조류와 에너지의 양

조류는 조석 현상에 의해서 일어나는 주기적인 해수의 흐름이다. 조류는 외양(外洋)에서는 거의 없고, 해안 가까이에서 강해진다. 일반적으로 만의 입구가 좁은 장소나 육지로 둘러싸인 좁은 해협, 수도(水道)나 나루에서 유속이 빨라지므로 조석 에너지가 커진다. 우리나라에서 유속이 빠른 곳은 임진왜란 때 충무공 이순신 장군의 해전으로 유명한 울돌목을 들 수 있다.

(3) 에너지 환산 방식

해류나 조류 모두 그 에너지는 운동 에너지이므로 이 운동 에너지를 다른 에너지로 환산할 필요가 있다. 이제까지 대부분 조류나 해류가 가진 운동 에너지를 전기 에너지로 환산하는, 즉 해류 발전이나 조류 발전으로 이용해 왔으므로 그 분류를 그림 2-4에 보기로 들었다.

그림 2-5는 사보니우스형 수차의 원리도이다. 이 사보니우스형 수차는 풍력형과 해류형에 많이 이용되는 것으로, 반달모양으로 굽힌 앞판을 엇갈리게 결합한 형상으로 되어 있다. 날개 장수는 일반적으로 2장이지만 경우에 따라 2~4장짜리도 있다.

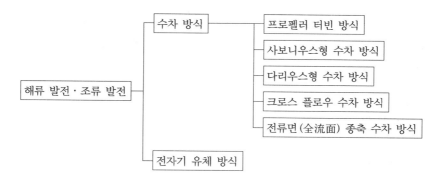

그림 2-4　**해류 발전 · 조류 발전의 분류**

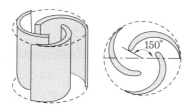

그림 2-5　**사보니우스형 수차**

2·5　파랑 에너지

해안에 서서 바다를 바라보노라면 끊임없이 해안으로 밀려오는 파도를 목격할 수 있다. 그러나 이 로맨틱한 파도도 때로는 노도의 기세로 밀려와 해안을 쑥대밭으로 만들 때가 있다.

파도는 일반적으로 말하는 풍파(風波)와 쓰나미로 크게 나눌 수 있다. 풍파는 글자 그대로, 바람에 의해서 일어나며 보통 해안에서 쉽게 목격할 수 있다. 쓰나미는 지진에 의해서 만들어지는 것으로, 강대한 에너지를 가지고 있다. 이외에도 조석의 간만 때 만들어지는 파도를 조석파라 한다. 쓰나미는 방대한 에너지를 가지고 있으므로 '쓰나미의 에너지를 이용하는 방법을 모색하자'는 의견도 있으나 드물게 발생하므로 에너지 이용의 대상으로는 적합하지 않다.

여기서는 바람에 의해서 일어나는 파도(즉 풍파)에 관하여 기술하겠다. 바람은 태양열에 의한 공기의 밀도차로 인해 발생하므로 파도도 태양 에너지의 일종이라 간주할 수 있다.

(1) 파랑 에너지와 에너지양

파도의 에너지는 파고와 파도의 주기가 측정되면 쉽게 계산할 수 있다. 예컨대 한국 동해 연안의 파랑 파워(파두선 1 m당 에너지로, 단위는 kW/m)의 평균값이 약 7·kW/m라고 한다면, 연안선의 거리를 곱하여 총 발전량(단위 kW)을 계산할 수 있다. 단, 파랑 파워 계산은 연구하는 학자에 따라 약간 차이가 있다.

전 세계 바다의 파랑 에너지도 많은 사람들에 의해서 연구되고 있다. 장소에 따라서는 100 kW/m에 이르는 파랑 파워가 존재하는 곳도 있다. 이와 같은 값을 세계 전체의 바다에 대하여 적분하면 27억 kW의 발전이 가능할 것이라고 한다.

이제까지 기술한 것은 연간 평균값이지만 시간적으로 혹은 계절적으로 변화가 극심한 것이 파랑 에너지의 약점이다. 그림 2-6은 일본 사케다항의 파랑 파워 변동 예를 보인 것이다. 이 그림을 보면 파랑 파워는 1월과 4월에 큰 날이 많고, 7월과 10월에는 파랑 파워가 큰 날이 거의 없다.

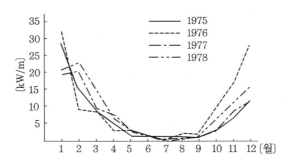

그림 2-6 **사케다항의 월평균 파랑 파워**

(2) 파랑 에너지 개발사

파랑 에너지를 이용하려는 연구는 오래전부터 시도되었으며 이미 1799년에 프랑스의 슈라드는 특허를 신청한 바 있다. 그 이후 파랑 에너지 연구는 많은 사람들에 의해 추진되었으나 항공 표시용 전원으로 파랑 발전 부이가 고작이였다. 특히 일본사람이 개발한 마스다식 항로 표시용 부이는 일본 내에서만도 1400 이상, 해외에서는 500기 이상이 이용되고 있다. 하지만 이와 같은 표시등용 파랑 발전의 출력은 고작 30~60 W의 작은 것이 위주였다.

파랑 에너지의 본격적인 연구는 역시 다른 재생 가능 에너지와 마찬가지로 1973년 제1차 석유파동 이후부터이다. 유럽에서 파랑 에너지 연구 개발이 적극적으로 추진되고 있는 나라는 영국과 노르웨이다. 이들 나라에서는 대형 파력 발전 개발을 목적으로 각종 연구가 추진되고 있다. 노르웨이는 300~500 kW급 파력 발전 장치 (웰스 터빈을 사용)를 제작하여 정격출력 발전에 성공한 바 있다.

일본에서도 파랑 에너지 연구 개발은 1973년 이후 과학기술청, 운수성, 문부성, 통산성, 지방자치단체, 민간회사 등 여러 기관의 협동으로 활발하게 추진되고 있다. 그 중에서도 일본 해양과학기술센터가 개발한 파력 발전 선박인 가이메이 (海明)가 유명하다.

최근에 이르러서는 우리나라를 비롯하여, 인도, 중국 등도 파랑 에너지 이용에 관하여 실제 해역에서의 개발이 모색되고 있다.

(3) 파랑 에너지의 이용 형태와 분류

① 1차 변환 장치

파랑 에너지의 이용을 생각할 때 가장 먼저 예상할 수 있는 것은 파랑 에너지를 전기 에너지로 변환하는 파력 발전이다. 그러나 파랑 에너지 이용 방법은 파력 발전 외에도 여러 가지를 예상할 수 있다.

여기서는 주로 파력 발전에 관하여 기술하도록 하겠다.

그림 2-7 **파력 발전의 개념도**

그림 2-7은 파력 발전 시스템의 개념도이다. 먼저 파력 에너지를 여타 에너지 형태(일반적으로는 역학적(기계) 에너지)로 변환한다. 이 것은 일반적으로 1차 변환 장치라고 한다. 이 1차 변환 장치도 많은 종류가 있으며, 이를 분류하면 그림 2-8과 같다.

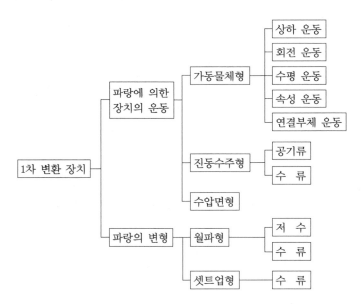

그림 2-8 **1차 변화 장치의 분류**

그림 2-8을 보아서도 알 수 있듯이 1차 변환 장치로는 기본적으로 '파랑에 의한 장치의 운동'을 이용한 것과 '파랑의 변형'을 이용한 것

2종류로 나눌 수 있다. 파랑에 의한 장치의 운동을 이용한 것으로는 가동물체, 공기실 내의 수주, 수압면 등에 작용하는 파랑 에너지는 재생 가능 에너지이지만, 앞에서도 기술한 바와 같이 시간과 계절에 따라 변동이 불가피한 것이 결점이다. 뿐만 아니라 태풍이나 쓰나미도 고려하지 않을 수 없다. 그리고 무엇보다도 고려해야 할 점은 발전한 전력을 송전하는 방법이다.

② 2차 변환 장치

1차 변환 장치로 파력 에너지를 역학적인 에너지로 변환한 후에 전력 등 이용하기 쉬운 에너지로 변환하기 위해서는 2차 변환 장치가 필요하다. 대표적인 2차 변환 장치는 그림 2-9와 같다.

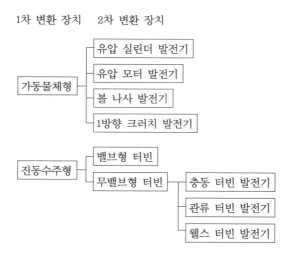

그림 2-9 **2차 변환 장치**

(4) 실증 해역에서의 파랑 장치

실용화를 위한 실증 해역에서의 실증 시험 장치는 인도, 중국, 영국, 노르웨이 등에서 실시되고 있다. 여기서는 편의상 일본의 실증 장치에 관하여 기술하기로 하겠다.

일본 해양과학기술센터는 난바다 부체식 파력 장치 (mighty whale) 를 개발하였는데, 이것은 56년에 한 번 닥치는 대형 태풍에 견디도록 설계된 것으로 미애현의 도가소만 난바다 1.5 km, 수심 40 m 해역에 계류되어 있다.

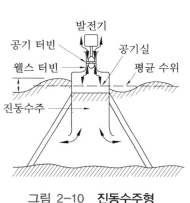

그림 2-10 **진동수주형 공기 터빈 방식**

그림 2-11 **mighty whale의 전체도**

난바다 부체식 파력 장치는 그림 2-10에 보인 진동수주형 공기 터빈 방식이고 파랑 에너지를 전기 에너지로 변환하는 방식이 채용 되고 있다.

그림 2-11은 이 장치의 전체도이다. 난바다 부체식 파력 장치는 폭 30 m, 길이 50 m, 최대 출력 120 kW이다. 그리하여 그 에너지를 2차 변환 장치에 전달하는 방식이고, 파랑의 변형을 이용한 것은 수심이 얕은 해역의 수평류나 제방의 원파를 이용 또는 소파력 등에 의한 평균 수위의 상승을 얻는 세트법형 등이 있다.

mighty whale 앞부분에 붙어 있는 ㅁ부분에서 파도를 흡수하면 공기실 수면이 올라가고 공기실의 공기가 밀려 올라간다. 그러면 공기

실 상부에 있는 노즐에서 고속 공기류가 공기 터빈에 부딪침으로 공기 터빈이 회전한다. 공기 터빈이 회전하면 터빈에 장치된 발전기가 회전하여 전력을 생산하게 된다. 파도가 물러가면 수면이 내려가고 공기실의 공기는 위쪽에서 아래쪽으로 흐르므로 이때 역시 공기 터빈은 회전한다.

이처럼 파도가 들어오고 나감에 따라 공기실의 공기는 위쪽과 아래쪽으로 왕복 흐름을 만드므로 그림 2-12에 보인 왕복류 웰스 터빈을 사용하면 연속적인 발전이 가능하다. mighty whale은 이론적으로 파도의 운동 에너지의 16 %를 전력으로 변환할 수 있다.

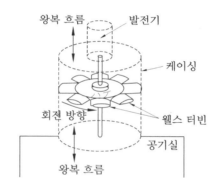

그림 2-12 **왕복 흐름 웰스 터빈의 원리**

mighty whale에서는 발전을 할 뿐만 아니라 발생한 전력으로 압축기를 가동하여 공기를 고압으로 승압하고, 그 승압된 고압의 공기를 후방부의 해저에서 분출시켜 해수를 정화함과 동시에 소파(消波)도 하는 계획이 추진되고 있다. 이처럼 파랑 에너지는 많은 방면에 이용이 가능하다.

파력 발전의 경우 공기 터빈의 성능은 파력 발전의 성능을 지배하므로 최근 각종 고성능 터빈이 개발되었다.

2·6 해양 온도차 에너지

해양 온도차 발전은 해양 표층의 따뜻한 바닷물 (20~30℃)과 표면에
서 200~1000 m 정도 심층의 찬 바닷물 (3~8℃)의 온도차로 인한 열 에
너지를 이용하여 전기 에너지를 얻는 발전 시스템을 이른다. 이 해양 온
도차 발전은 ocean thermal energy conversion의 약칭으로, OTEC (오
텍)이라 한다. 이 해양 온도차 발전의 원리는 1881년에 프랑스의 달슨
발 (d'Arsonval)이 제안한 이래 많은 연구가 이루어지고 있다.

지구 온난화가 국제적 과제로 크게 부각되자 세계 여러 나라들은 다
투어 해양 온도차 발전에 관심을 갖기 시작했다. 그중에서도 특히 인도
는 에너지원 부족과 지구의 온난화 대책으로 해양 온도차 발전의 실용
화에 본격적으로 뛰어들어, 2001년에 일본의 사카대학과 공동으로
1000 kW의 해양 설치형 실증 플랜트를 운전하기 시작했다. 인도의 해
양 온도차 발전 플랜트 건설 소식이 알려지자 해양 온도차 발전 건설을
검토하는 나라들이 급속하게 증가하는 추세에 있다.

여기서는 해양의 수직방향 온도 분포, 해양 온도차 발전의 가능성,
해양 온도차 발전의 구성, 해양 온도차 발전의 개발 역사, 인도의 발
전 시스템 사례, 해양 온도차 발전의 다국적 이용 형태 등에 대하여
기술하기로 하겠다.

(1) 해양의 온도 분포

태양은 지구의 에너지원이다. 태양은 1초 사이에 1779×10^{12} kW의
에너지를 내리 쏟고 있다. 이 양은 현재 지구상에서 이용되고 있는 에
너지 수요량의 1년분 (석유 환산으로 약 80억 톤)의 약 1만 배에 해당한다.
그러나 애석하게도 이 방대한 에너지 중에서 약 30 %는 직접 우주공
간에 반사되고 나머지 70 % (124.5×10^{12} kW)가 지구에 도달할 수 있다.

지구로 유입되는 태양 에너지양은 태양 상수 (1.395 kW/m²)와 지구의 태양 방사에 대한 단면적 1.275×10¹⁴ m²로 계산할 수 있다. 지구에 도달한 에너지 (124.5×10¹² kW) 중에서 약 40 % (83.6×10¹² kW)는 대기와 육지, 해양 등에 흡수되어 표면 가까운 부분의 온도를 상승시키고 나머지 대부분의 에너지는 증발, 대류, 강우의 수력학적 (水力學的) 에너지로 사용되고 있다. 우리들 생활의 원천이 되고 있는 식물의 광합성 역시 태양 에너지 없이는 이루어지지 못한다. 그러나 광합성에는 태양의 입사 에너지 중에서 불과 0.2~0.3 % (0.035~0.053×10¹² kW) 밖에 사용되지 않는다.

현재 전 세계 에너지의 대부분을 차지하고 있는 화석연료 (석탄, 석유, 천연가스 등)는 식물의 광합성에 의해서 얻어진 에너지이다. 그리고 이제 우리 인류는 태양 에너지의 극히 일부 에너지에 의해서 얻어진 이 화석연료마저 고갈을 걱정하는 단계에 이르렀다.

그러나 우리들이 생활하는 이 지구상에는 끊임없이 방대한 양의 에너지가 태양으로부터 쏟아져 내리고 있다. 이 에너지를 지구 표면적의 3분의 2를 커버하고 있는 해양이 흡수하여 해양 표층수에 축적하여, 표층의 바닷물 온도를 높이고 있다. 바닷물의 열전도율은 작고, 표층 바닷물의 수직방향 운동은 수평방향에 비해 훨씬 낮기 때문에 표층의 열 에너지는 심층부까지 도달하지 못한다.

해양의 온도는 표면에서 약 100 m 정도까지는 거의 같은 온도이지만 이보다 깊어지면 급격하게 떨어진다. 그리고 표면에서 약 800 m 이하의 깊은 곳에서는 바닷물의 온도가 거의 일정하여 2~8℃ 정도가 된다. 이 심층부의 바닷물을 심층 해수라고 한다. 이처럼 해양 깊은 곳의 바닷물 온도는 어느 바다에서나 차다.

또 바닷물은 큰 순환을 하여 끊임없이 유동하게 된다. 북태평양 해류에서 온도가 상승한 바닷물은 그린랜드 앞바다 유수 (流水)에 부딪쳐 냉각된다. 냉각된 바닷물의 농도는 짙어지므로 마치 폭포수처럼 심해로 하강해 간다. 그리고 해저에서 느릿하게 흐른다.

  그린란드 앞바다의 심층으로 하강한 바닷물이 다시 상승해오기까
지는 약 1500년이 걸린다고 한다. 다시 상승해 오는 이 유수를 용승
류(upwelling)[1]라고 하는데, 용승류에는 생물체의 구성 원소(영양염)
가 많이 포함되어 있으므로 용승류가 있는 곳(예컨대 캘리포니아 앞바
다, 페루 앞바다, 바닷속 산맥이 있는 곳, 연근해에서는 바위나 암초 등
이 있는 곳)은 좋은 어장(魚場)이 된다.

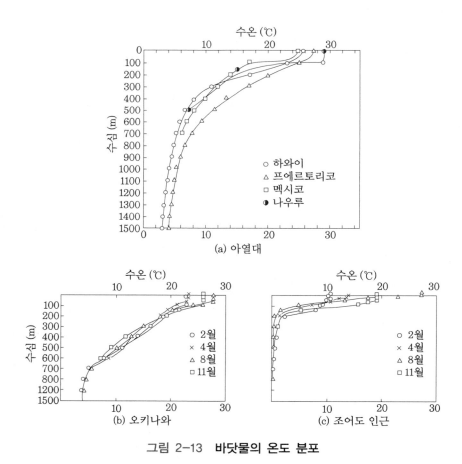

그림 2-13 **바닷물의 온도 분포**

---

1) 용승류(湧昇流) : 바닷물이 깊은 곳에서 얕은 곳으로 상승하는 과정, 보통
  이안류의 발산에 기인한다.

해양 온도차 발전에서는 많은 양의 심층 해수를 퍼올리게 되므로 최근에는 이 심층수를 이용하여 어장을 만드는 연구도 진행되고 있다. 그림 2-13은 해수의 수직 방향 온도 분포의 예를 보인 것이다. 그림을 상고하면 해양 온도 분포의 특징을 읽을 수 있다.

① 적도 부근의 열대와 아열대 지방에서의 표층 해수(surface sea water)의 온도는 24~29℃로 높고 계절에 따른 변화도 적다. 또 표면에서 800 m 이하의 심층 해수(depth sea water)는 거의 일정한 온도로(4~6℃) 차다.

② 이 지방의 표층 해수와 심층 해수의 온도차(temperature differencet, ΔT)는 20~23℃로 크다.

③ 한편 일본 오키나와 앞바다의 해수 수직 분포는 표층 해수 23~28℃, 심층 해수는 4~6℃로 아열대와 거의 같다. 그러나 우리나라 조어도 인근의 온도 분포는 여름철 표층 해수의 온도가 27℃로 높지만 겨울철에는 10℃로 낮다. 그리고 수심 200 m 정도가 되면 해수 온도는 1℃로 차가워진다. 이 지역에서도 2~4월을 제외한 9개월 동안은 표층 바닷물과 심층 바닷물의 온도차는 15℃ 이상이므로 해양 온도차 발전 플랜트의 설치가 가능하다.

그러나 계절에 따라 표층 바닷물의 온도가 크게 변화할 수도 있으므로 그 대책도 충분히 고려할 필요가 있다.

(2) 세계 전 해역의 해양 온도차 에너지와 이용 가능량

태양에서 지구 표면으로 쏟아져 내리는 입사광을 83.6~10^{12} kW라고 하면, 지구 표면적의 3분의 2는 해양이므로 바다 표면에는 매초 55.1×10^{12} kW의 에너지가 도착하는 것이 된다. 이 에너지 중에서 단 2%만이라도 해양 온도차 발전에 이용할 수 있다면 1.1×10^{12} kW (1조 kW)의 에너지를 획득할 수 있다. 이 에너지양은 2000년도에 전 세계가 소비한 에너지양의 약 100배에 해당한다.

Wolff[2]는 세계 각지의 해수 온도 분포를 조사하여 그림 2-14에 보인 해역이 해양 온도차 발전을 설치하기에 적합한 해역이라 기술하고 있다. 적도 부근에서는 표층과 심도 1000 m 지점의 해수 온도차는 평균 22~24℃로 크다. 그러나 위도가 높아질수록 온도차는 작아진다. Avery wu[3]는 그림 2-14의 범위 안에서 위도와 경도를 각 1°씩 잘라, 32 km 간격으로 210 MW의 해양 온도차 발전소를 설치한다면 1조 kW의 발전기 기능을 할 것이라고 주장하고 있다. 이 값은 해양에 입사하는 태양광 에너지의 2 %를 이용한 경우와 거의 일치한다. 이 주장을 미루어 보아서도 해양 온도차 에너지는 상상을 초월하는 방대한 양이란 것을 짐작할 수 있다.

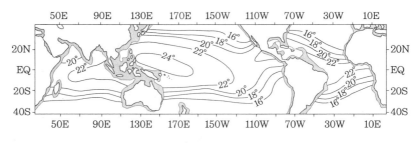

그림 2-14 **표층 해수와 1000 m 심층의 온도차 분포**

이처럼 방대한 해양 온도차 에너지의 가능량 중에서 1 %라도 이용할 수 있다면 지구 전체의 에너지 문제는 쉽게 해결될 수 있을 것이다. Dunber[4]는 해양 온도차 발전이 가능한 세계 98개 나라에서 해양 온도차 발전을 설치한다면, 육상 설치형만으로도 최소 57만 7000 MW의 발전이 가능할 것이라고 전망했다. 해양의 표층과 심층

2) Wolff, P. W. ; Temperature Difference Resource, Proc. 5th OTEC conf. Ⅲ-11~Ⅲ-37, 1978.
3) Avery, W. A. and Wu, c. ; Renewable Energy from the Ocean, A Guide to OTEC, P2, 1944.
4) Dunber, L. E. ; Market Potential for OTEC in Developing Nations. Proc. 8th Ocean Energy Conference, Washington, D. C., 1981. 6.

(500 m 이하)의 해수 온도차가 20℃ 이상 가능한 나라는 대략 **표 2-5**
와 같다.

표 2-5 **해양 온도차 발전이 가능한 나라들**

아세아 지역	모잠비크	아르헨티나
인도	모리셔스	우루과이
인도네시아	모리타니	에콰도르
스리랑카	모로코	가이아나
태국	북미 지역	그레나다
중국	미국	콜롬비아
일본	엘살바도르	스리랑카
한국	쿠바	칠레
필리핀	과테말라	브라질
말레이시아	코스타리카	베네수엘라
몰디브	자메이카	페루
아프리카 지역	도미니카	볼리비아
앙골라	트리니다드 토바고	오세아니아 지역
가나	니카라과	오스트레일리아
가봉	타이티	통가
기니아	파나마	나우루
토고	바하마	사모아
스와질란드	발바도스	뉴질랜드
소말리아	온두라스	파푸아 뉴기니
마다가스카르	멕시코	피지
남아공	남미 지역	페루

(3) 해양 온도차 발전의 원리와 사이클

  표층과 심층의 바닷물 온도차에 따른 열 에너지를 이용하여 발전하는 시스템이다. 해양 온도차 발전은 해수의 이용 방법에 따라 ① 터빈 방식과 ② 열전 방식의 두 가지로 크게 나눌 수 있다. 터빈 방식은 다시 클로즈드 사이클 방식, 오픈 사이클 방식, 하이브리드 사이클 방식, 미스트 사이클 방식, 폼 사이클 방식으로 세분할 수 있다.

① 클로즈드 사이클식 해양 온도차 발전

  클로즈드 사이클식 해양 온도차 발전의 원리는 그림 2–15와 같다. 이 방식은 해양 온도차 발전의 원리 중에서도 가장 기본적인 것이라 할 수 있으므로 그림 2–15를 바탕으로 설명하겠다.

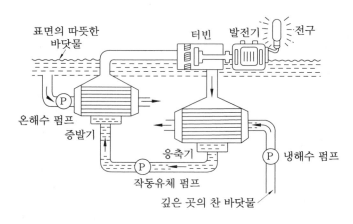

그림 2-15 **해양 온도차 발전의 원리**

  ㈎ 해양 온도차 발전에서는 그림에 보인 바와 같이 증발기, 터빈, 응축기, 작동유체 펌프, 온해수 펌프, 냉해수 펌프로 구성되며, 이 기기들은 큰 파이프로 연결되어 있다.

  ㈏ 증발기 (evaporator)는 큰 원통 속에 작은 원관과 얇은 판이 다수 들어 있으며, 이 증발기 속에 13~25℃에서 증발하는 물질 (이

물질을 작동유체 (working fluid) 또는 작동매체라고 한다)의 액체를 넣어 둔다. 이 작동유체는 현재 암모니아 (NH₃) 또는 프론 22 (HCFC 22), 프론 134a (NFC 134a)가 적당한 것으로 간주되고 있다. 그러나 이 중에서 가장 적합한 것은 암모니아이고, 그 다음에 프론 134a이므로 여기서는 암모니아를 예로 설명하겠다.

  15~28℃의 표층 온해수 (warm sea water)를 온해수 펌프 (warm sea water pump)로 퍼올려 증발기의 작은 원관 안쪽으로 통수한다. 작은 원관 바깥쪽에는 암모니아 액체가 고여 있다. 즉 온해수의 열 에너지가 암모니아의 증기로 이동한 것이 된다.

㈐ 암모니아 증기는 증발기에서 파이프를 통하여 터빈 (turbine)으로 들어가고, 여기서 터빈을 회전시킨다. 즉 암모니아 증기가 보유하고 있는 열 에너지가 터빈의 기계적 에너지로 변환된다.

㈑ 터빈이 회전하면 터빈에 연결된 발전기 (generator)가 회전하여 전기가 발생한다. 즉 터빈의 기계적 에너지가 전기 에너지로 변환된다.

㈒ 한편, 터빈을 나온 암모니아 증기는 터빈에서 일을 했기 때문에 온도가 상당히 낮아져 응축기 (condenser)에 흡수된다. 응축기는 증발기와 마찬가지로 커다란 원통 속에 둥근 관과 얇은 판이 다수 들어 있다. 이 응축기의 둥근 관 안쪽과, 판과 판 사이에 1~6℃의 심층 냉해수 (cold sea water)를 통수하면 둥근 관 표면과 판의 반대쪽에서 암모니아 증기가 응축하여 암모니아액이 된다.

㈓ 이 암모니아액을 작동유체 펌프 (ammonia pump)로 다시 증발기로 보낸다. 표층의 온해수와 심층의 냉해수 사이에 온도차가 있으면 이 조작을 연속적으로 반복하여 해수만으로 영구적으로 전기를 발생시킬 수 있다.

이 클로즈드 사이클을 이용한 해양 온도차 발전은 1851년에 영국사람 랭킨 (Rankine)이 발명한 랭킨 사이클을 응용한 것으로 특별히 새로운 방식이라고는 할 수 없으며, 현재 가동하고 있는 많은 화력발전소와 원자력발전소, 지열발전소는 이 랭킨 사이클이 기본이 되어 만들어졌다. 따라서 해양 온도차 발전과 화력 발전, 원자력 발전 등은 모두 원리는 같다고 할 수 있다.

해양 온도차 발전을 실용화하는 데 있어서는 클로즈드 사이클이 유리하다는 것이 이제까지의 연구로 실증되었으며, 특히 다음에 설명하는 우에하라 사이클은 랭킨 사이클보다 약 150 %나 사이클 열효율이 높은 것으로 알려져 현재는 우에하라 사이클이 많은 관심의 대상이 되고 있다.

② 우에하라 사이클식 해양 온도차 발전

이것은 카리나 사이클을 개량한 것으로, 카리나 사이클보다 사이클 열효율이 높다. 이 사이클에서는 암모니아/물의 혼합 매체가 작동유체로 사용되고 있다. 이 사이클에 관해서는 이미 실증 실험도 시행되었으므로 안정적 운전이 기대된다. 2개의 터빈을 이용하여 분리기로 분리한 암모니아수가 제2터빈에서 나온 암모니아 증기를 흡수하는 흡수기가 달려 있는 것이 특징이다.

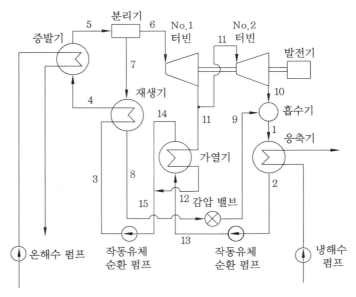

그림 2-16 우에하라 사이클식 해양 온도차 발전의 원리

(4) 인도의 1000 kW 실증 플랜트 개요

  인도는 그림 2-17에 보인 바와 같이 해양 온도차 발전을 실용화할 수 있는 광범위한 해역을 가지고 있다 ($1.5 \times 10^{16} \ km^2$). 그러므로 인도는 21세기의 주요 에너지의 하나로 해양 온도차 발전을 선택하고 실증 플랜트를 건설했다.

  이 랭킨 사이클 (Rankine cycle)의 실증 실험이 끝나자 곧바로 플랜트 개량이 실시되어 우에하라 사이클의 실증 실험에 착수했다. 우에하라 사이클을 사용하면 랭킨 사이클의 열효율보다 사이클의 열효율이 약 50 % 높아지므로 실증 실험이 끝난 후에는 우에하라 사이클을 이용하여 50 MW, 100 MW의 실증 플랜트를 각 해역에 건설할 계획을 입안했다.

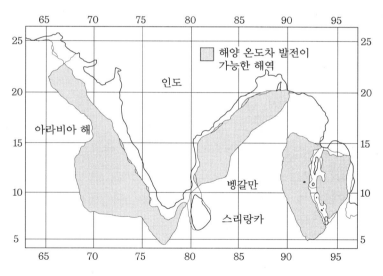

그림 2-17 **인도 해역에서 해양 온도차 발전이 가능한 지점**

  인도의 실증 플랜트는 스리랑카와의 사이 Toruchendar 난바다 35 km의 곳에 설치되었다. 인도의 1000 kW 플랜의 개요는 표 2-6과 같다.

표 2-6 **인도의 실증 플랜트 시방**

온해수 입구 온도	28℃	증발 온도	24.2℃
냉해수 입구 온도	8℃	응축 온도	14.3℃
냉해수 취수관 길이	800 m	증발기 총 전열 면적	2359 ㎡
냉해수 취수관 지름	1.0 m	응축기 총 전열 면적	2071 ㎡
발전 출력	1000.0 kW	증발기 블레이드 매수	1144매
알자 출력	616.7 kW	응축기 블레이드 매수	1004매
온해수 펌프 동력	118.5 kW	온해수 유량	24159톤/h
냉해수 펌프 동력	242.6 kW	냉해수 유량	13535톤/h
작동유체 펌프 능력	22.2 kW	평가 함수	7.2 ㎡/kW

이 플랜트에서는 열교환기는 블레이드식이 사용된다. 해양 온도차 발전에서는 온도차가 작기 때문에 블레이드식 열교환기가 적합하다.

(5) 해양 온도차 발전의 다목적 이용과 코스트

해양 온도차 발전은 심해에서 많은 양의 바닷물을 퍼올리게 된다. 이 심층 바닷물에는 귀중한 금속과 미생물 등이 많이 함유되어 있으므로 이 심층 바닷물을 유효하게 이용하려는 연구도 진행되고 있다 (그림 2-18 참조).

① 바닷물에서 진수와 미네랄 워터를 얻는다.
② 어패류와 해조류를 양식한다.
③ 빌딩 또는 일반 주택의 냉방
④ 심층 해양수로부터 소금 채취
⑤ 우라늄과 리튬을 채집
⑥ 메탄올, 수소, 암모니아 제조

해양 온도차 발전의 코스트는 발전만 하는 경우 발전 출력 1~5 MW, 플랜트의 경우 대략 192~420원/kWh, 25~300 MW 플랜트에서는 72~ 120원/kWh로 예상된다. 그러나 여기에 그림 2-18에 예시한 다목적 이용을 부가한다면 코스트는 크게 줄어들어 여타 발전 플랜트보다 오 히려 유리할 것이라는 견해도 있다.

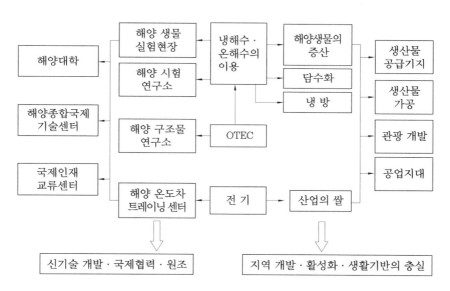

그림 2-18 **해양 온도차 발전의 다목적 이용**

풍력 에너지

지구 온난화와 산성비 등 이제 환경문제는 국경을 초월한 국제 문제로 부각되고 있다. 에너지로서의 바람은 이산화탄소와 같은 온실효과 가스와 산성비의 원인이 되는 황산화물 및 질소산화물 등을 배출하지 않는다. 그러므로 청정하고 재생 가능한 에너지원으로 큰 기대가 모아지고 있다. 여기서는 풍력 이용의 간단한 역사와 에너지원으로의 바람, 우리나라의 풍력 자원, 풍력 발전의 기초, 그리고 풍력 발전 이용에 관하여 기술하도록 하겠다.

3·1 풍차 이용의 역사

우리 인류는 수천 년에 걸쳐 여러 가지 형태로 풍력 에너지를 이용하여 왔다. 풍력 이용은 가장 먼저 바람을 받아 배를 모는 돛에서 비롯된 것으로 알려졌다. 고대의 바빌로니아, 중국, 이집트 등의 문헌에 의하면 풍차는 지금으로부터 약 3000년 이상 이전부터 사용되었다는 기록이 있다. 기원전 134년 아라비아의 모험가인 이스타크리는 세이스탄 (현재의 아프가니스탄과 이란의 국경 부근)의 페르시아 (Persia : 이란의 옛 이름) 풍차에 관하여 기록하고 있다 (그림 3-1 참조). 또 거의 같은 시기에 이집트에서도 관개 목적의 풍차가 사용되었던 것으로 알려져 있다.

유럽에서 풍차를 이용한 최초의 증거로는 풍차의 건설 허가에 관한 1105년의 프랑스 문서가 있으며, 영국의 풍차에 관한 1194년의 보고가 있다. 또 유럽에서 최초의 풍차는 관개와 양수 목적에 사용된 것으로 알려지고 있으며 네덜란드에서 최초로 곡물 제분용 풍차가 건설된 것은 1439년이었다. 그러나 그 이후 몇 세기 사이에 풍차 개발은 급속도로 발전했다.

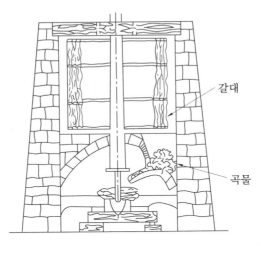

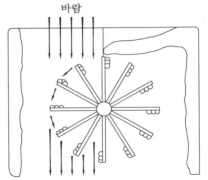

그림 3-1 **페르시아의 수직축 풍차 단면도 (BC 150년경)**

풍차와 관련된 중요 연도를 살펴보면 먼저 1500년경의 풍차 건설에 관한 레오나르도 다빈치에 의한 스케치, 1665년 영국의 살레에 건설되어 현재까지도 가동 중에 있는 포스트밀, 1745년 영국의 에드몬드 리와 1750년 엔드류 메이클에 의한 풍차 회전면을 자동적으로 바람의 방향으로 지향시키는 팬테일(fantail)의 발명, 1759년에 영국의 로열 소사이어티가 존 스미톤에게 풍차 및 수차에 관한 논문에 대하여 금메달을 수여한 기록 등을 들 수 있다.

19세기 초반까지 영국에서만 1만 대 이상의 네덜란드형 풍차가 사용되었던 것으로 추정되고, 네덜란드에서도 약 1만 대의 풍차가 사용되었다. 당시 풍차는 주요 동력원으로 보급되었으며, 풍차 지름이 20 m이면 초속 7 m 정도의 바람으로 최대 출력 20 kW, 연간 평균 출력 10 kW 정도를 발생했던 것으로 추정된다. 이것은 200명 분의 기계적 일량에 상당한 큰 에너지였다.

최초의 근대적인 풍차는 19세기 중반 미국에서 개척농업을 위해 개발되었다. 당시의 풍차는 날개가 여러 개인 다익형 (多翼形)이였으며, 오로지 양수를 위해 사용되었고 현재까지도 세계 각지에서 많이 사용되고 있다.

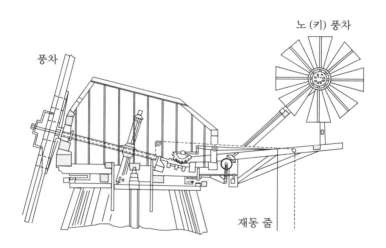

그림 3-2 **메이클의 자동 풍향 조정 장치 (팬테일)**

풍차에 의한 발전이 언제부터 시작되었는지 명확하지 않지만 일반적으로 풍력 발전의 선구자는 덴마크의 P. 라크르 교수라는 것이 정설로 되어 있다. 그는 1891년에 덴마크의 아스코프에 풍력 발전 연구소를 설립하여, 풍력 발전 왕국 덴마크의 기초를 쌓았다.

그러나 영국의 풍차 책에는 1887년에 그라스고의 J. 프라이스가 수직축 풍차로 출력 3 kW의 발전을 시작했고, 이 전력을 배터리에 축적하여 조명에 사용하였다고 기록하고 있다. 이 풍차는 1914년까지 25년간이나 사용되었다고 한다. 또 미국 문헌에는 1888년에 오하이오주 클리블랜드의 C. F. 브렛슈가 지름 17 m의 144장 블레이드로 이루어진 다익형 풍차로 12 kW의 풍력 발전을 하여 350개의 백열전등을 밝혔고, 이 풍력 발전기는 1908년까지 20년간이나 사용되었다고 한다.

하지만 20세기에 들어서자 내연기관 개발과 대량 전력발생을 위한 증기 터빈의 등장으로 동력원으로서의 풍력 발전 이용은 세계 각지에서 급속한 퇴조의 길을 걷게 되었다.

하지만 음지가 있으면 양지도 있는 법, 퇴조의 길을 걸었던 풍력 발전에 다시 햇살이 내리쬐기 시작했다. 제2차 세계대전 이후 에너지 수요가 급속하게 늘어나고, 특히 1970년대의 두 번에 걸친 석유파동을 겪으면서 화석연료의 부족 현상과 지구환경 문제에 대한 높은 관심이 뒷받침되어 독일, 덴마크, 네덜란드, 스페인, 미국 등 많은 나라들이 청정하고 재생이 가능한 에너지원으로서의 풍력 에너지 이용에 활기를 불어넣기 시작했다. 그림 3-3은 미국 캘리포니아주에 있는 윈드팜의 모습이다.

그림 3-3 **캘리포니아의 윈드팜**
(일본 미쓰비시 중공업이 만든 300 kW 출력의 풍차군)

풍차 이용의 역사와 관련하여 한 가지 이색적인 이용을 소개하면서 끝내겠다.

　중세 이후 네덜란드에서는 바람이 잘 부는 언덕 같은 곳에 풍차를 세워 마을 사람들에게 소식을 알리는 신호용으로 사용하기도 했다. 요즈음 우리나라의 농촌 마을에 가면 마을 이장이 확성기를 통하여 마을 사람들에게 소식을 전하는 것과 마찬가지로, 확성기가 없었던 네덜란드에서는 풍차를 이용하여 마을 사람들에게 소식을 알렸다는 기록이 있다. 당시 풍차의 정지는 마을 사람들에게 있어 사활 문제나 다름없었다. 고장이나 수리 등 무슨 이유로든 풍차를 쓰지 못하게 된 날은 마을 사람들에게 그 사정을 알리려고 풍차의 날개를 이용하여 신호를 보냈다. 그림 3-4는 이 시각언어(視覺言語)로서의 풍차 날개를 이용한 것이다.

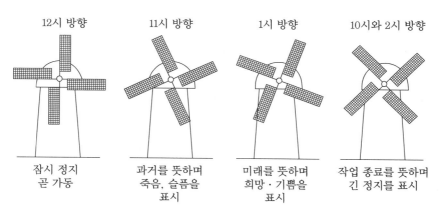

12시 방향	11시 방향	1시 방향	10시와 2시 방향
잠시 정지 곧 가동	과거를 뜻하며 죽음, 슬픔을 표시	미래를 뜻하며 희망 · 기쁨을 표시	작업 종료를 뜻하며 긴 정지를 표시

그림 3-4　**마을 사람들에게 신호로 사용된 풍차의 날개**

3·2　에너지원으로서의 바람

(1) 바람에 관한 데이터를 얻는 곳

　바람을 에너지원으로 이용하기 위해서는 조금이라도 바람이 센 곳을 선정해야 한다. 그러기 위해서는 데이터를 수집할 필요가 있다. 바람의 데이터(풍황이라 한다)는 기상 데이터의 하나로, 우리의 사회

생활과 큰 관련이 있기 때문에 모든 나라들이 여러 기관을 통하여 데이터를 수집하고 있다. 우리나라에서도 다음 기관들이 기상을 관측하는 것으로 알려지고 있다.

① 기상청   ② 소방방재청
③ 농수산부   ④ 대학·연구소
⑤ 공군   ⑥ 해양경찰청
⑦ 한국전력공사   ⑧ 도로공사
⑨ 공항관리공단   ⑩ 기타

이처럼 많은 기관에서 기상을 관측하지만 그중에서도 기상청은 장기간 관측을 하여 그 자료들을 통계적으로 정리하고 있다.

기상청의 풍황 데이터는 주로 기상 관측기관(기상대 및 측후소)과 지역 기상 관측소에서 풍향을 16방위, 풍속을 0.1 m/s 단위로 매정시에 직전 10분간의 평균값을 관측하고 있다. 즉 10시의 풍속이라 하면 실제는 9시 50분부터 10시 00분까지의 10분간 풍속의 평균값을 취하여 10시의 풍속으로 발표하는 것이다. 기상관서의 풍황 관측은 차폐물이 없는 평활한 장소, 지상 10 m를 기준으로 하지만 장해물 관계상 실제는 10~30 m 정도 높이에서 관측되는 경우가 많다.

(2) 우리나라에 어느 정도의 바람이 부는가

풍력을 이용하기 위한 목적에서 각종 관측 데이터를 바탕으로 어느 지점에 어느 정도의 바람이 부는가를 기록한 것이 풍력 지도이다. 이 풍력지도는 풍력을 이용하는 선진 여러 나라에서 작성되고 있으며 EWEA(유럽 풍력 에너지협회)에 의한 유럽 전체의 풍력지도도 잘 알려지고 있다.

한편 우리나라의 어느 곳에 어느 정도의 바람이 불고 있는가를 조사하기 위한 풍력지도는 기상청에 의해서 2009년에 작성되었다. 이 풍력지도는 기상청이 독자적으로 실시한 30개 지점의 풍황 관측 데

이터를 포함하여 각 유관 기관의 자료들을 수집 · 정리한 것에다, 국
토지리원이 전국을 대상으로 약 1 km 1계수로 정리한 국토수치정보
에 의한 지형 인자와의 상관 분석 (중회기 분석)으로 풍속 예측식을 작
성하고, 여기에 1 km 메시 (mesh)의 지형 인자를 대입함으로써 전국
각 지점의 연평균 풍속의 값을 산출하여 작성한 것이다 (이 장 말미의
부표(1)~(7) 참조).

그러나 풍황 데이터는 각 수집 기관에 따라 수집 기간 및 관측 고
도가 다르기 때문에 이것은 10년간 상당의 평균 풍속값으로 균질화함
과 동시에 지상 높이를 30 m로 고도 보정하고 있다. 지형 인자는 국토
수치정보에 따른 기복량, 최대 경사도, 방위별 개방도 등 14종류이다.

이 풍력지도를 바탕으로 풍력 발전의 유망 지역을 선정할 수는
있겠지만 풍황은 지형조건 등에 따라 크게 변화하기 때문에 풍력
지도는 하나의 가늠으로 이용하는 것이 적절하다. 따라서 풍차 건설
지점을 선정하고자 할 때는 풍력지도는 물론 기타 풍황 추정이 가능
한 데이터 등을 바탕으로 지리적 조건을 검토하고, 추정한 지역에
대한 현지 상세 풍황조사를 실시할 필요가 있다.

3·3 바람으로부터 파워를 얻어내려면

(1) 풍차로 얻어 낼 수 있는 에너지

바람은 공기의 흐름이란 것 정도는 누구나 알고 있다. 이 공기의
흐름이 풍차 블레이드의 회전면을 통과할 때에 그 운동 에너지가 기
계적인 회전력으로 바뀌게 된다. 어떤 풍속과 밀도를 가진 바람의 흐
름이 풍차의 회전면을 통과할 때, 풍차에 의해서 얻어내어 이용할 수
있는 이론적 파워는 '공기의 밀도 및 수풍 (受風) 면적에 비례하고 풍
속의 3제곱에 비례'하게 된다.

그러나 바람의 이론적 에너지를 모두 활용한다는 것은 물리적으로

불가능하다. 그것은 풍차 후방의 공기 흐름이 완전히 정지하지 않기 때문이다. 따라서 바람으로부터 실제로 획득할 수 있는 에너지는 어떤 한계가 있기 마련이다. 실제로 획득할 수 있는 이 에너지값에 대해서는 영국의 F.W 란체스터(1915)와 독일의 베츠(1920)가 이론적으로 밝힌 바 있으며, 일반적으로 풍차의 이론적 효율을 '베츠 효율'이라 하는 것도 이에 유래하고 있다.

그림 3-5는 풍차 전방에서 부는 바람이 풍차에 회전 운동을 부여하고 후방으로 흘러갈 때 풍차 로터 앞뒤의 기류 상태를 나타낸 것이다. 즉 풍차 상류에서 V_∞의 풍속이 풍차 로터를 통과할 때 V로 되고, 그것이 뒤의 흐름에서 풍속 V_e가 되는 것으로 본다. 이 그림은 뒤 흐름의 유로(流路)가 퍼져 있는데, 이것은 바람의 흐름이 풍차 회전면을 통과할 때 운동 에너지가 회전 에너지로 변환되기 때문에 감속되고, 흐름의 연속성을 유지하기 위해 흐름이 빠른 상류쪽 유선(流線)에 대하여 감속된 하류쪽 유선은 그만큼 확대되기 때문이다.

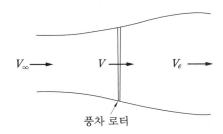

그림 3-5 **풍차 로터 전후의 기류 상태**

란체스터와 베츠에 의해 풍차로부터 획득할 수 있는 파워 최댓값은 바람이 가지고 있는 이론적 파워의 59.3%인 것으로 산출되었다. 따라서 어떠한 고성능의 이상적(理想的)인 풍차를 설계할지라도 대기의 자유로운 흐름 속에서 단면적 A의 유로를 통과하는 이론적 파워의 60%밖에 이끌어내지 못하는 셈이다. 일반적으로 풍차를 이용하여 바람으로부터 이끌어낼 수 있는 파워는 풍차 종류에 따라 다르지만 고성능 프로펠러형 풍차일지라도 40 % 정도이다.

그림 3-6은 자연풍의 에너지 밀도와 이상 (理想) 풍차에 의한 바람 에너지 밀도의 관계를 나타낸 것이다. 또 그림 3-7은 공기 밀도 ρ = 0.122 S²/m, 풍차효율 70 % (파워계수 C_p = 0.593×0.70 = 0.415)로 한 경우의 풍차 지름 2 m에서부터 20 m까지의 소형 풍차에 대한 풍속과 출력의 관계를 보인 것이다. 즉 풍차 로터의 지름이 결정되면 풍차 출력은 3제곱에 비례하고, 또 어떤 풍속을 가정하면 풍차 출력은 풍차 지름의 2제곱, 즉 풍차 회전 면적에 비례하는 것을 알 수 있다.

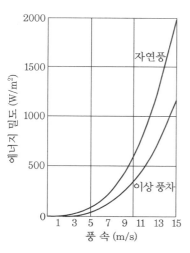

그림 3-6 **바람의 에너지 밀도**

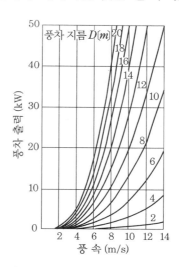

그림 3-7 **풍차로 얻을 수 있는 파워**

(2) 풍차의 종류와 개성

풍차를 이용하기 시작한 역사를 상고하여 보면, 매우 오래된 기원 전 이집트까지 거슬러 올라간다. 또 유럽에서도 중세 이후 700여 년 동안 풍차는 양수용, 제분용, 배수용, 제재용 등 여러 가지 목적에 이용되어 왔다. 그러나 풍력 발전의 역사는 풍차 이용에 비하여 비교적 가까운 1890년대 이후부터였다고 볼 수 있다.

풍차 이용에는 지역성이 있고 그 이용도도 매우 다양했기 때문에 풍차의 종류도 역시 다양하다. 우선 풍차를 회전축의 방향에 따라 분류하면, 풍향에 대한 회전축의 방향에 따라 수평축형과 수직축형 두 가지로 크게 나눌 수 있다. 수직축형은 풍차의 회전면을 풍향으로 향하게 하기 위한 제어를 필요로 하지 않는 점이 큰 특징이다.

풍차의 동작원리 혹은 토크 발생 형태로 보면 풍차 프로펠러에 발생하는 양력(揚力)을 이용하는 것과 항력(抗力)을 이용하는 형식으로 나눌 수도 있다. 일반적으로 항력형 풍차는 풍차 프로펠러에 작용하는 풍속 이상의 주속도로 회전할 수 없는데 비하여 양력형 풍차는 몇 배 이상의 높은 주속도로 회전할 수 있다. 이 때문에 양력형 풍차는 풍차의 중량당 출력도 크고 설계면에서의 효율도 항력형보다 높다.

또 항력형 풍차를 저속 풍차, 양력형 풍차를 고속형 풍차로 나누는 경우도 있다. 그림 3-8은 풍차의 종류를 형식별 및 작동 원리별로 분류한 것이다. 각 풍차의 특징은 다음과 같다.

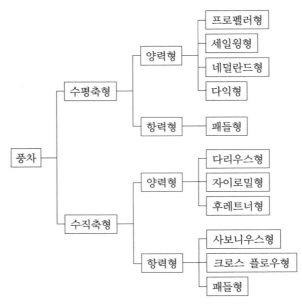

그림 3-8 **풍차의 분류**

① 수평축형 풍차의 종류와 특징

오랜 풍차의 역사 중에서도 이제까지 건조된 풍차 중 가장 강력하고 유용한 풍차는 수평축형 풍차 계열에 속하는 풍차이다. 이 계열의 풍차는 고전적 수평축형 풍차, 저속 풍차, 고속 풍차의 3종류로 분류할 수 있다.

● 고전적 수평축 풍차

고전적인 수평축 풍차는 대부분 소멸되었지만 그래도 얼마정도는 아직까지도 양호한 상태로 보존되어 있다. 이 풍차는 유럽, 특히 대서양 해안, 북해 및 발트해 연안지역 그리고 지중해 전역에서 볼 수 있다. 대표적인 고전적 수평축형 풍차라 할 수 있는 네덜란드형 풍차는 그림 3-9에 보인 바와 같이 풍향을 따라 풍차 간 전체를 회전시켜 로터 회전면을 바람에 정면으로 향하게 하는 소형 포스트밀에서부터 로터가 설치되어 있는 풍차 간 정상부만을 회전시키는 대형 타워밀로 발전했다.

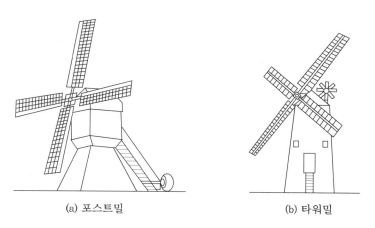

(a) 포스트밀   (b) 타워밀

그림 3-9 **네덜란드형 풍차**

풍차의 회전 속도 조절에는 목재틀의 로터를 커버하고 있는 천의 넓이를 조절하거나 프로펠러에 설치된 가동 셔터의 열림 정도(開度)를 조절하는 것으로 이루어졌다. 이와 같은 고전적 풍차의 프로펠러

반지름은 보통 5~15 m 정도이고, 그 폭은 반지름의 대략 5분의 1 정도였다. 그리고 그 회전 속도는 10~40 rpm이고 지름이 큰 풍차일수록 회전수가 떨어져, 풍차의 주속도를 풍속으로 나눈 주속비 2~3일 때 최대 출력을 발생한다.

한편, 그리스나 포르투갈 등 지중해 연안 나라에서 옛날부터 제분이나 양수용으로 이용되었던 세일윙형 풍차는 그림 3-10에 보인 3각 돛과 같은 피륙제 날개를 사용한 것이 특징이다. 날개의 수는 6~12장이나 되었다.

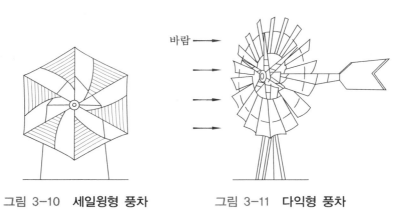

그림 3-10 **세일윙형 풍차**   그림 3-11 **다익형 풍차**

● 저속 풍차

여러 개의 날개를 가진 다익형 풍차는 19세기 중반 미국에 출현한 이래 유럽과 남아메리카, 오스트리아까지 전파되었다. 미국의 농장이나 목장에서는 19세기 중반부터 20세기에 걸쳐 600만 대에 이르는 다익형 풍차가 사용되었고 현재도 15만 대 정도가 가동되고 있다. 날개 수는 12~24장 정도까지 여러 종류가 있으며 풍차 로터 전면을 덮을 정도의 크기였다. 풍차 뒤쪽의 꼬리 날개는 풍차 회전면이 바람을 정면으로 대면하게 한다. 그림 3-11은 이 형식의 풍차 모습이다.

이 형식의 풍차 지름은 보통 3~8 m이다. 이들 다익형 풍차는 기동 토크가 상당히 크기 때문에 풍속이 낮은 곳에서도 사용되며 2~3 m의 풍속에서도 쉽게 스타트한다. 그리고 풍속비 1부근에서 최대 출력을 발생하며 파워계수의 최댓값은 0.3 정도이다. 이 풍차는 그 특징을 살려 피스톤 펌프와 결합하여 양수용에 이용되고 있다.

● **고속 풍차**

그림 3-12에 보인 프로펠러형 풍차는 대표적인 고속 풍차라 할 수 있다. 날개의 수는 보통 2~3장이지만 때로는 날개가 단 1장인 것과 4장 이상인 것도 있다. 이 풍차는 같은 출력을 발생시키는 경우 저속 풍차보다 경량으로도 가능하다는 장점이 있는 반면 낮은 풍속에서는 기동이 어려운 결점이 있다. 회전 속도는 동일 지름의 저속 풍차보다도 상당히 빠르고 날개 수가 적은 풍차일수록 빠르다. 또 주속비는 10 이상에 이르는 것도 있다. 그리고 동일 풍속, 동일 지름의 경우 고속 풍차가 발생하는 토크는 저속 풍차가 발생하는 토크보다 상당히 작다.

(a) 1장 블레이드   (b) 2장 블레이드   (c) 3장 블레이드

그림 3-12 **프로펠러형 풍차**

고속 풍차의 날개 형상은 항공기의 날개와 유사하지만 공기 역학적 손실을 최소로 하기 위해 날개 장착부는 크고, 날개 끝부분은 작아지도록 비틀림된 것이 많다. 뿐만 아니라 고속 풍차는 저속 풍차에 비해 상당히 큰 원심력에 견딜 수 있도록 만들어졌다. 또 보통 고속 풍차의 날개는 섬유강화 플라스틱(FRP)이나 금속 혹은 나무로 만든 경우가 많지만 합성섬유의 천을 사용한 세일윙형 고속 풍차도 있다.

 이들 풍차는 풍향에 대한 날개의 회전면과 타워의 상대적 위치 관계에 따라 그림 3-13에 보인 바와 같이 2종류로 분류된다. 즉 풍향에 대하여 타워 앞쪽에서 날개가 회전하는 업윈드형과 타워 뒤쪽에서 날개가 회전하는 다운윈드형이 있다. 대형 풍차에서 소형 풍차에 이르기까지 대부분의 풍차는 전자인 업윈드형이고, 소형 풍차의 경우에는 꼬리 날개와 방위제어 보조 풍차에 의해서 방위제어를 한다.

 한편 후자인 다운윈드형은 날개 회전면에 작용하는 모멘트에 의해서 자기 방위제어를 하는 방식이지만 1회전할 때마다 날개가 타워 뒤 흐름의 난류역을 통과하게 된다. 따라서 진동과 소음을 발생할 우려가 있으며 날개의 수명에도 나쁜 영향을 미친다.

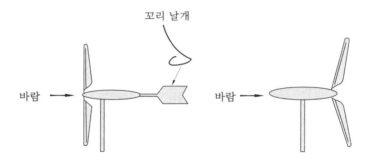

꼬리 날개

바람 ⟶

바람 ⟶

그림 3-13 **업윈드형 (왼쪽)과 다운윈드형 (오른쪽) 풍차**

② 수직축 풍차의 종류와 특징

 수직축 풍차는 모든 풍차 중에서 역사적으로 가장 연조가 깊으며, 12세기에 페르시아에서 사용된 풍차가 현재도 남아있다. 일반적으로 수직축 풍차는 방위제어 기구를 필요로 하지 않으며 풍향에 상관없이 회전할 수 있는 것이 특징이다. 이 풍차는 종류가 매우 많고, 작동원리에 따라 항력 이용형과 양력 이용형으로 크게 나눈다.

● 항력 이용형

 항력 이용형은 가장 오래전부터 사용된 풍차군이고, 그림 3-14에 보인 바와 같이 많은 변형이 있다. 이 풍차들은 모두 수풍부가 바람을 받아 풍하쪽으로 움직일 때는 공기저항이 최대로 되고 풍상쪽으로 움직일 때는 공기저항이 최소가 되도록 설계되어 있다. 이렇게 하여 수풍부에 가해지는 기류의 저항차를 이용해 토크를 얻는다. 그림(a)는 컵형 또는 풍배(風杯)형이라 하는데 로빈슨 풍력계 등에 사용되고 있다. 이 풍차에서는 반구형(半球形)의 凹쪽에서 바람을 받는 경우의 항력계수는 약 1.33이고, 凸쪽에서 바람을 받는 경우는 약 0.34이므로 이로 인하여 생기는 항력의 차를 구동력으로 이용하고 있다.

그림(b)는 수풍부가 풍상쪽으로 진행할 때 공기저항이 작아지도록 스크린으로 덮고 있다. 또 그림(c)와 그림(d)는 수풍부가 풍상으로 향할 때 풍향에 대하여 평행이 되도록 설계되어 있다. 이들 풍차는 효율도 낮기 때문에 중국 텐진(天津)에서 양수용으로 사용된 것 외에는 실용한 사례가 별로 없다.

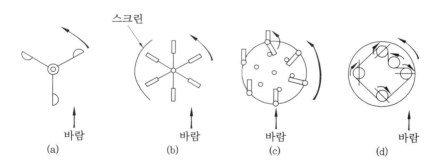

그림 3-14 **항력 이용형의 각종 풍차**

그림 3-15는 항력 이용형 풍차 중에서도 가장 연조가 오래된 형식인 S형 로터이다. 이 경우의 반원통형 회전부의 수풍쪽 항력계수는 약 2.3이고, 되돌아오는 쪽에서는 약 1.2이므로 이로 인하여 발생하는 항력의 차를 이용하고 있다. 그림 3-16은 충동형 크로스 플로우형 풍차인데, 이 명칭은 풍차에 유입하는 기류가 풍차 내부를 통과하기 때문에 붙여진 것이며 관류(貫流) 풍차라고도 한다. 이것은 에어컨에

사용되고 있는 시로코팬이나 저낙차 마이크로 수력 발전에 사용되고 있는 반키 터빈과 유사하다. 이 풍차는 주속비 0.3~0.4 정도에서 최대 출력을 얻을 수 있는 저속도, 높은 토크형이다.

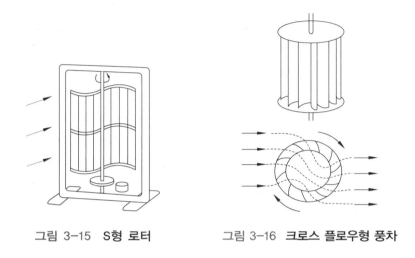

그림 3-15 **S형 로터**   그림 3-16 **크로스 플로우형 풍차**

그림 3-17은 사보니우스형 풍차인데, 1924년에 핀란드 사람 S. 사보니우스에 의해서 특허가 취득되었다. 이 풍차는 2개의 반원통형 수풍 바켓을 마주하여 편심 상태로 장치되어 있다. 작동 원리는 바람에 의해서 바켓에 작용하는 항력이 凸쪽과 凹쪽이 다른 사실과, 바켓의 오버랩부 틈에서 수풍쪽 바켓의 기류 일부가 되돌아오는 쪽 바켓 배면에 흘러들어 감으로써 로터는 공기 역학적 모멘트 작용도 받게 된다.

일반적으로 반원통상 바켓은 2개로 구성되지만 3개인 것 혹은 2개인 것으로 위상을 90° 엇갈리게 하여 2단으로 중첩한 것 등 여러 가지 결합이 있다. 바켓 수가 많은 것은 토크 변동이 작고 회전이 부드럽지만 회전수는 낮아진다. 사보나우스형 풍차는 기동 토크는 크지만 회전수가 낮고 파워계수도 주속비 0.8 전후로 최대 0.15~0.20 정도에 불과하다. 현재는 건물, 선박, 차량 등의 환기용, 조류형 혹은 양수 펌프 등에 사용되고 있다.

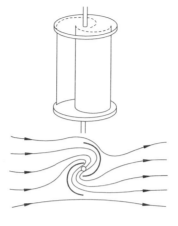

그림 3-17 **사보니우스형 풍차**

● 양력 이용형

수직축 풍차 중에서도 양력을 이용하는 형은 비교적 새로운 풍차인데 다리우스형 풍차, 자이로밀형 풍차 등이 있다. 풍향에 상관없이 회전할 수 있을 뿐만 아니라 풍속 이상의 높은 주속도를 얻을 수 있고, 시스템 전체 구조가 간단하므로 발전기 등의 중량물을 지상 가까이에 설치할 수 있는 장점이 있다. 또 부품수도 적기 때문에 코스트가 저렴하다.

한편, 본질적인 결점으로는 자기기동을 할 수 없기 때문에 소형 독립 전원의 경우에는 사보니우스형 풍차와 결합하거나 계통연계용에서는 유도 발전기를 기동용 모터로 사용하는 경우가 많다.

다리우스형 풍차는 그림 3-18에 보인 바와 같이 균일한 단면상의 휜 날개 양단을 수직축에 2~3장 장치한 특이한 형상의 풍차이다. 1931년에 프랑스 사람 G.J.M 다리우스에 의해서 특허가 승인되었지만 실용기 개발은 1960년대 이후 캐나다에서 비롯되었다. 굽은 날개 형상은 회전 시에 원심력으로 인한 굽힘 변형이 블레이드에 발생함이 없이 인장응력만이 작용하는 줄넘기용 줄의 형상으로 되어 있다.

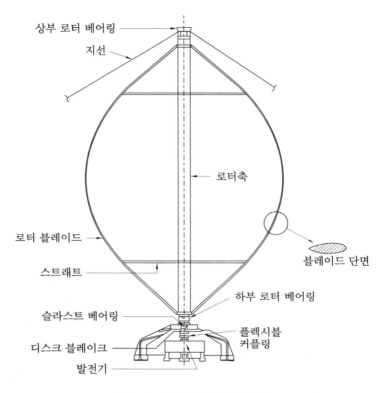

그림 3-18 **다리우스형 풍차**

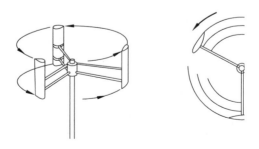

그림 3-19 **자이로밀형 풍차**

또 자이로밀형 풍차는 그림 3-19에 보인 바와 같이 수직으로 장착된 대칭 날개형 직선형 블레이드 (장수는 2~4장)가 풍향에 대하여 자동적으로 최적한 영각을 얻을 수 있는 구조로 되어 있다. 다리우스형 풍차와 같은 비주기 제어 방식과 비교하여 구조적으로 약간 복잡하지만 효율이 높은 것이 특징이다.

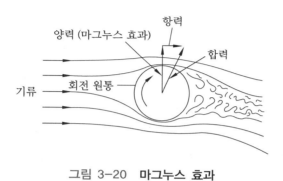

그림 3-20 **마그누스 효과**

플레트너형 풍차 (Flettner windmill)는 회전 원통에 작용하는 마그누스 효과 (Magnus effect)를 이용한 풍차이다. 기류 속에서 원통을 회전시키면 그림 3-20에 보인 바와 같이 원통 주위의 압력 분포가 비대칭이 되어, 결과적으로 양력을 발생한다는 사실이 1852년에 독일 사람 H.G.Magnus에 의해서 밝혀졌다. A.플레트너는 1924년에 이 마그누스 효과를 이용하여 회전 원통으로 선박을 가동시켰고, 이 방법을 적용한 풍차가 플레트너형 풍차이다. 1939년 미국 뉴저지 주의 버링턴에서 J.마더라스에 의해 높이 27 m, 무게 15톤에 이르는 거대한 프로트형이 만들어졌으나 성공을 거두지는 못했다.

3·4 풍차의 성능 평가

각종 풍차의 성능을 평가하는 경우 일반성이 있는 무차원의 특성계수로 성능을 표시하는 것이 편리하다. 풍차의 성능 평가에 이용되는 특성계수로는 파워계수, 토크계수, 주속비, 솔리디티 등이 있다.

(1) 파워계수

자연 바람으로 풍차를 이용하여 획득할 수 있는 파워의 비율을 파워계수 C_p(power coefficient)라고 한다. 파워계수의 최댓값은 앞에서 기술한 바와 같이 란체스터 및 베츠(Betz)에 의해서 밝혀진 바 있으며, 이상(理想) 풍차일지라도 0.593이고, 실제 풍차에 있어서는 고성능 프로펠러형 풍차의 경우에도 0.40~0.45, 항력형 사보니우스형 풍차는 0.15~0.20 정도이다.

(2) 토크계수

풍차의 토크는 양력형 풍차의 경우 블레이드 회전면에서 발생하는 양력성분에 의한 모멘트이고, 항력형 풍차의 경우는 항력성분에 의한 모멘트이다. 따라서 토크계수(torque coefficient)는 풍차 회전축 중심에서 날개 임의의 위치까지의 거리와, 그 위치의 동압(動壓)의 곱으로 나타내는 이론적인 토크와 실제 축 토크의 비(比)로 정의된다.

(3) 주속비

풍차의 성능을 나타내기 위해 '풍차 블레이드 선단 속도와 유입 풍속의 비'로 정의된다. 주속비 또는 선단 속도비(tip speed ratio) λ로 사용된다.

　프로펠러형 풍차 등의 양력형 풍차는 블레이드 선단이 풍속보다 5~10배나 빨리 회전하는 사례가 많다. 즉 유입 풍속이 5 m/s일 때 풍차 블레이드 선단은 25~50 m/s 속도로 원주를 그리게 된다. 따라서 같은 주속비의 풍차일지라도 대형 풍차의 로터는 회전수가 낮고 소형 풍차의 로터는 회전수가 높다. 여기서 이제까지 기술한 각종 풍차의 토크계수와 주속비의 관계를 그림 3-21에, 또 파워계수와 주속비의 관계를 그림 3-22에 도시했다. 이 그림들을 통해서도 알 수 있듯이 양력형 프로펠러 풍차와 다리우스형 풍차는 토크계수는 작지만 파워계수가 크므로 발전용에 적합한 고회전의 낮은 토크형이고, 사보니우스형 풍차와 다익형 풍차는 파워계수는 작지만 토크계수가 크므로 펌프 구동 등에 적합한 낮은 회전의 높은 토크형이라 할 수 있다.

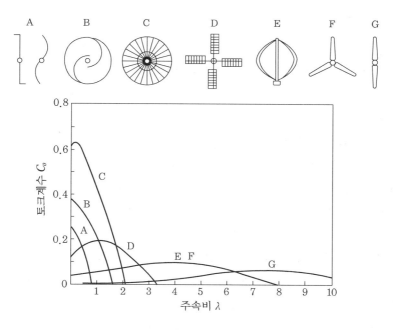

그림 3-21　**각종 풍차의 토크계수와 주속비의 관계**

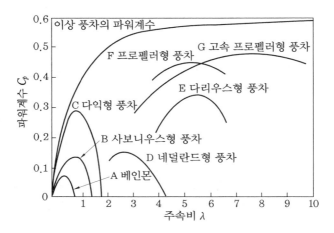

그림 3-22　**각종 풍차의 파워계수와 주속비의 관계**

(4) 솔리디티

풍차의 성능을 특징짓는 또 하나의 중요한 특성계수로는 솔리디티 (solidity)가 있다. 수평축 풍차의 솔리디티는 '풍차의 회전 면적에 대한 날개의 전 투영면적의 비'로 정의된다. 단, 여기서 말하는 투영면적은 풍차 회전축에 수직인 면에 대한 투영을 의미한다. 이는 풍차 날개는 평판이 아닌 비틀려져 있기 때문이다.

수평축 풍차는 균형추가 달린 날개 한 장짜리에서부터 2~3장 날개의 프로펠러형이 있고, 미국의 양수용 다익 풍차처럼 20장 이상의 날개를 가진 것까지 그 사용 목적과 설치 장소의 풍황에 따라 날개 장수가 다양하다.

또 이들 풍차의 주속비는 솔리디티에 크게 의존하고 있다. 파워계수의 이론적 최댓값을 도출한 A. 베츠는 풍차로 최대 파워를 획득하는 경우의 솔리디티에 관해서도 명확하게 밝힌 바 있다. 그 관계는 근사적으로는 풍차의 솔리디티는 주속비의 역수의 2승에 비례하게 되어 로터 회전수가 높은 풍차일수록 솔리디티는 작다. 풍차의 이 솔리디티와 주속비의 관계는 그림 3-23처럼 된다.

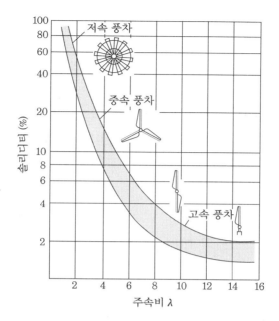

그림 3-23 **각종 풍차의 파워계수와 주속비의 관계**

　이처럼 고회전을 필요로 하는 발전용 등에는 솔리디티가 작은 2장 또는 3장 날개의 고회전용 풍차를 사용하지만 기동 토크가 작기 때문에 컷인 풍속이 높아진다. 한편, 큰 기동 토크를 필요로하지만 저회전으로 대처할 수 있는 양수 펌프용 등에는 솔리디티가 크고 날개 장수도 많은 풍차를 사용하게 된다.

　한편, 수직축 다리우스형 풍차와 자이로밀형 풍차의 경우에는 '회전 원주의 거리에 대한 날개현(弦) 길이의 총합의 비'로 솔리디티를 정의하고 있다.

3·5 풍차의 설치 장소

　어떠한 목적으로 이용하든 풍차는 그 설치 장소 선정이 매우 중요하다. 그 어떤 고성능의 풍차를 설계한들 바람이 불지 않으면 풍차는 돌지 못하고, 반대로 성능이 다소 떨어지는 풍차일지라도 설치 장소를 잘 선택하면 쓸모 있는 구실을 하게 된다.

풍차의 설치 장소 선정, 즉 시팅 (siting)에는 풍향, 풍속과 지형적 조건뿐만 아니라 환경에 대한 영향과 안전성, 풍차를 이용하려는 목적과 규모, 경제성, 그리고 기상적 장해 (낙뢰, 결빙, 염해 등) 조건 등이 복잡하게 얽혀 있다. 따라서 상세한 설명은 다른 전문서를 참고하기 바라며, 여기서는 기본적인 사항에 관해서만 약술하도록 하겠다.

(1) 환경과 안전성

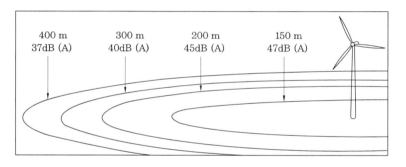

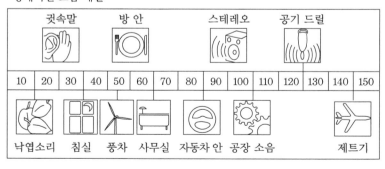

그림 3-24 **풍차의 소음 패턴**

풍차 시스템 설치와 관련하여 발생하는 주요 환경문제는 전파 장해, 저주파 소음 및 소음 등이다. 그림 3-24는 풍차의 소음패턴을 도시한 것인데, 일반적으로는 풍차로부터 150 m 이상 떨어지면 소음 영향이 감소하는 것을 알 수 있다. 이 밖에 생태계에 대한 영향, 주위 경관과의 조화, 기상에 미치는 영향 등도 고려해야겠지만 그 영향은 크지 않다.

또 풍차의 안전성을 위해 예상되는 환경 장해를 사전에 예측하고 대응책을 강구해 둘 필요가 있다. 우선 풍차 시스템의 내(耐) 풍속을 결정하기 위해 순간 풍속 재현 기댓값의 전국 분포도가 필요하다. 또한 기타 최대 윈드 시어(shear), 난류, 결빙, 적설, 홍수와 산사태, 이상 고온과 저온, 염해 등의 정보도 시스템 운전의 안전성 및 내구성을 얻기 위해 필요하다.

(2) 풍차의 규모와 이용 목적

풍차 시스템의 최종 목적에 따라, 즉 발전이 목적인가 양수용이 목적인가 또는 발열이냐에 따라 풍차를 설치하는 장소도 다르기 마련이다. 예를 들면, 풍력을 이용하는 기계식 양수 펌프의 경우에는 펌프를 수원에 인접하여 설치할 필요가 있다.

한편, 윈드팜 형식의 대규모 계통연계용 풍력 발전 시스템의 경우는 그 전력회사 관내의 여러 후보지 중에서 적당한 설치 장소를 선택할 수 있다. 그리고 소규모의 독립된 전원으로서의 풍력 발전 시스템은 저전압이기 때문에 송배전 손실을 억제하기 위해서는 이용 장소 가까이에 설치할 필요가 있다. 또 풍력 열변환 시스템의 경우에는 도중의 열손실을 최소로 억제하기 위해 열변환 장치와 이용 장소를 가급적 접근시켜야 한다.

(3) 경제성

풍차를 설치하는 장소를 결정할 때는 무엇보다도 경제성이 가장 중

요한 요인이 된다. 예를 들면 타워 높이를 높게 한다면 이용 가능한
에너지는 증가하는 반면에 코스트는 증가할 것이고, 또 바람의 상태
가 양호한 지점을 얻기 위해서는 배선의 길이가 늘어나는 동시에 그
에 따른 전압 강하와 코스트 증가가 불가피할 것이다. 이처럼 언제나
가장 적합한 풍황지점과 수요를 충족하기 위한 에너지 획득의 필요성
비교가 요구된다.

(4) 최적지의 선정 기준

바람은 평지에서 지표의 기복이나 수목, 건물 같은 장해물에 의해
서 크게 영향을 받는다. 따라서 풍력을 이용하는 입장에서는 기복이
작고 장해물이 존재하지 않는 곳이 적합하다.

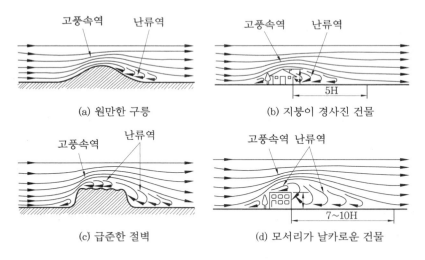

그림 3-25 **구릉과 건물 부근의 기류**

한편, 풍차를 산악부의 능선이나 구릉지에 설치하는 경우에는 능선
과 구릉이 높은 탑 구실을 하는 동시에 공기의 흐름을 능선에 접근함
에 따라 베르누이 효과(Bernoulli effect)로 인해 유선이 접근하여 가

속되고, 그 운동 에너지를 증가시키게 된다. 그림 3-25는 구릉과 건물 부근의 기류 상태를 도시한 것인데, 건물 풍하에 풍차를 설치하는 경우에는 적어도 건물 높이의 10배 정도 간격을 띄워서 설치할 필요가 있다. 또 산악부에서는 풍향과 능선의 형성 방향이 바람의 가속에 큰 영향을 미치는데, 특히 능선의 형성 방향이 주풍향에 대하여 직각인 경우 현저하다.

한편, 풍차 시스템에 영향을 미치는 기상, 환경상 장해에 관한 지식도 필요하다. 우선 자연풍 중에는 여러 가지 원인으로 난류가 존재한다. 난류는 기류의 속도와 방향의 급격한 변동을 의미하며 이는 풍차 출력에 영향을 미칠 뿐만 아니라, 시스템 전체에 변동 하중을 가하게 된다. 이 때문에 풍차를 설치할 때는 난류역을 피해야 한다. 난류역을 확인하기 위해서는 기구를 띄워서 계류줄에 묶어 놓은 리본의 거동을 보아 난류의 존재와 정도를 파악한다. 또 보다 간단하게 난류를 검출하기 위해서는 연을 날리는 것도 생각할 수 있다. 일반적으로 풍차가 설치된 장소는 늘 바람이 거세기 때문에 특히 강풍 때를 대비하여 시스템의 충분한 강도를 확보하도록 한다.

윈드 시어(wind shear)는 순간적인 바람의 세기와 방향이 공간적으로 균일하지 못하기 때문에 발생한다. 이는 대형 풍차뿐만 아니라 소형 풍차에 대해서도 날개에 불균형한 힘을 미쳐 진동의 원인이 된다. 이 때문에 풍차 시스템의 피로 수명을 촉진하고 심한 윈드 시어는 풍차를 파괴하기도 한다. 또 풍차 날개에 빙설이 부착되면 날개 중량 분포가 변화하고 때로는 날개 형태도 변화되기 때문에 진동을 발생한다. 그리고 부착된 빙설이 비산하여 위험을 초래하는 경우도 예상할 수 있다.

풍차는 주위에 장해물이 없는 평탄한 곳 혹은 산 정상, 건물 옥상 등에 설치되는 사례도 있기 때문에 낙뢰에 피습될 가능성도 있다. 때문에 충분한 피뢰 대책과 뇌뢰 대책이 필요하다. 그리고 우리나라는 3면이 바다에 둘러싸여 있고 낙도도 많으므로 해안선에서 10~15 km

이내 지점에 설치되는 풍차에는 염분 대책도 필요하다. 이는 대기 중의 염분으로 인하여 풍차 시스템의 금속 부분이 침해되고 시스템 내부의 절연도 손상될 수 있기 때문이다. 특히 해안 지대는 풍황이 양호하기 때문에 풍력 이용의 적지가 많으므로 염해방지가 불가결하다.

끝으로 부유 먼지의 영향도 고려해야 한다. 대기 중의 모래 먼지가 많은 지역에서는 블레이드 수명이 현저하게 단축된다. 이 대책으로 블레이드 끝 모서리에 손상을 방지하는 테이핑 처리 (테이프를 붙이거나 금속제 가드를 장착한다)를 하는 것이 바람직하다. 그리고 공장 지대에서는 대기 중의 아황산가스 등의 유해 가스가 풍차 시스템의 금속 부분을 침해하는 경우도 있으므로 세심한 보수·점검이 필요하다.

3·6 풍력 발전의 사용법

(1) 풍력 발전 시스템의 분류

풍력 발전 시스템은 풍차가 중·소규모인 경우, 독립전원으로서의 시스템, 태양광 발전 등과 결합한 하이브리드 시스템, 그리고 풍차 출력을 상용 배전망과 접속하는 계통연계 시스템 등으로 크게 분류할 수 있다. 또 정격 출력 100 kW 이상인 대규모 풍력 발전은 전력계통과 연계하는 경우가 많다.

① 독립전원 시스템

독립전원 시스템은 산중이나 원격 벽지 등 상용 배전망이 잘 갖추어지지 않는 곳에서 많이 사용된다. 일반적으로 풍력 발전으로 얻은 전력을 일단 축전지에 비축하여 사용한다. 그림 3-26에 보인 바와 같이 AC 부하에는 인버터를 통하여 AC 전력을 얻어 이용하지만 축전지 없이 부하에 급전하는 방법도 있다.

예를 들면, 미국에서는 풍력 발전기와 수중 펌프를 직접 접속하는 양수 펌프가 있는데, 이것은 보통 기계적인 양수 풍차 펌프에 비하여 펌프로부터 떨어진 바람 상태가 좋은 장소에 풍차를 설치할 수 있으므로 풍차 설치 장소 선택에 융통성이 있다.

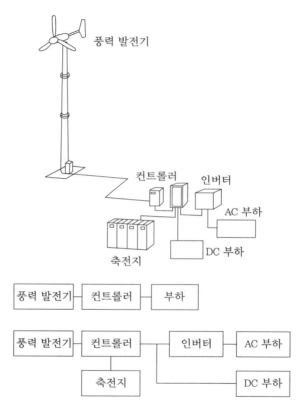

그림 3-26 **독립전원 시스템으로서의 풍력 발전**

② 하이브리드 시스템

일반적으로 바람과 태양광 사이에는 목적상으로나 계절적으로나 상호 보완작용이 있다. 즉 태양광이 약한 겨울철에는 바람이 강하고, 반대로 바람이 약한 여름철에는 태양광이 강하다. 또 태양광이 없는 야간에도 바람을 이용할 수 있다. 따라서 풍력 발전과 태양광 발전을 결합한 하이브리드 발전을 한다면 연중 안정된 전력을 얻을 수 있다.

이 밖에도 풍력 발전과 소수력 발전이나 디젤 발전을 결합하는 것도 생각할 수 있다. 그림 3-27은 풍력과 태양광 발전의 하이브리드 발전의 예를 보인 것이다.

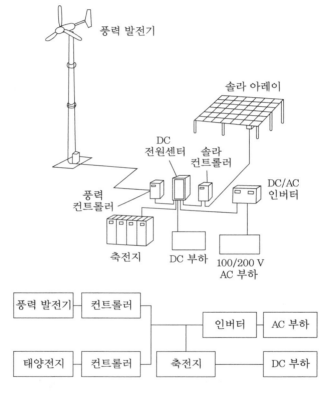

그림 3-27 **풍력 발전과 태양광 발전의 하이브리드 시스템**

③ 계통연계 시스템

풍력 발전과 태양광 발전이 출력을 축전지에 축적하지 않고 직접 연계보호 장치를 통하여 상용 전력방과 접속하는 시스템이다. 그림 3-28은 풍력 발전과 태양광 발전의 출력을 인버터를 거쳐 부하 혹은 상용 전력망과 접속하는 시스템의 예이다.

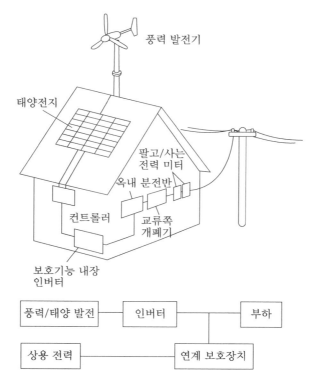

| 풍력/태양 발전 | 인버터 | | 부하 |
| 상용 전력 | | 연계 보호장치 | |

그림 3-28 **풍력 발전과 태양광 발전의 계통연계 시스템**

이와 같은 계통연계 시스템에서는 풍력이나 태양광으로 발전한 전력을 우선적으로 사용하고 부족한 전력을 상용에서 공급받는다. 그리고 발전한 전력이 소비 전력을 감당하고 남는 경우에는 잉여 전력을 매전하는 '역조류 계통연계 시스템'이 일반적이다.

중규모 이상의 풍력 발전 장치에는 교류 발전기 (동기 발전기)와 유도 발전기 (비동기 발전기)가 많이 사용되고 있다. 교류 발전기를 구동하는 풍차는 광범위한 풍속에 걸쳐 사용할 수 있지만, 이 동기 발전기의 출력을 전력계통에 접속하려면 높은 정밀도의 조정이 필요하며 또 이를 빈번하게 되풀이하게 된다. 즉 풍차는 동기 회전수로 엄밀하게 단속되어야 하고 동기 발전기의 전압은 계통 전압과 같게, 위상도

합치되지 않으면 안 된다.

한편, 가장 저렴하고 신뢰성이 높은 방법은 유도 발전기를 사용하는 방법이다. 유도 발전기를 사용함으로써 얻을 수 있는 장점은 우선 구조가 간단하고 또 유도 발전기는 동기 회전수와 몇 퍼센트 정도 상이한 회전수로도 큰 지장 없이 계통과의 접속이 가능하며 그로 인한 과부하는 극히 단시간만 존재한다. 그러나 이 비동기 발전기의 결점은 전력계통에서 들뜬 전류를 추출하여 반동 파워를 흡수하는 점인데, 이 역시 콘덴서를 접속함으로써 극복할 수 있다.

세계적으로 풍력 발전기가 가장 많이 보급된 덴마크에서는 유도 비동기 발전기가 많이 사용되고 있으며 풍속이 컷인 풍속보다 낮을 때는 릴레이로 발전기를 계통으로부터 자동적으로 분리시키도록 하고 있다. 이 시스템은 기동 토크가 작은 고정 피치 블레이드의 풍력 발전기에 매우 유효하다.

그림 3-29는 풍차 유도 발전기의 파워와 회전수의 특성을 표시한 것이다. 유도 발전기의 경우 그 회전수는 부하와 함께 약간 증가하고 5~6%를 넘지 않는 범위에서 동기 회전수에 대한 슬립이 존재한다. 이 경우의 발전기 특성은 그림에서처럼 거의 수직의 점선으로 표시된다.

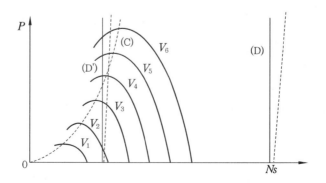

그림 3-29 **유도 발전기의 파워와 회전수 특성**

기어 증속비와 기어 및 발전기의 효율을 알면 특성곡선 (C)으로부터 풍차 로터의 회전수 N의 함수로서 풍차에서 발전기로 공급되는 파워를 주는 특성을 얻을 수 있다. 또한 이 곡선과 풍차의 회전수 곡선의 교차점으로부터 풍속 V의 함수로서 풍차에서 발전기에 공급되는 파워를 결정할 수 있다. 이렇게 각종 풍속에서 유도 발전기로 계통 전력망에 공급되는 파워 P를 구할 수 있다.

부표(1)

풍력기상 자원지도

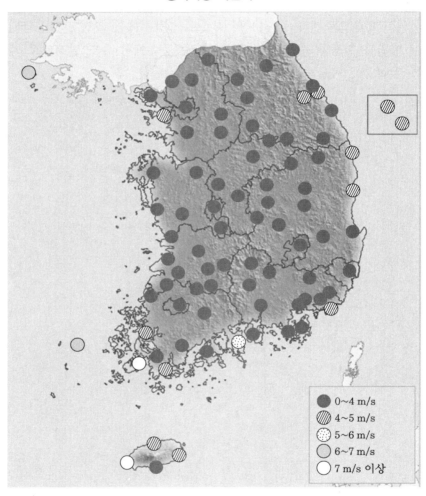

부표(2)

5년간 평균값 (2005~2009년) 지역별 통계

지점번호	지점명	10 m 풍속	50 m 풍속	80 m 풍속	50 m 고도 계절 풍속				80 m 고도 계절 풍속				주풍향
					봄	여름	가을	겨울	봄	여름	가을	겨울	
229	격렬	6.3	6.7	7.1	7.4	6.0	6.2	7.1	7.8	6.4	6.6	7.4	북
956	가대암	5.3	5.9	6.3	5.6	4.7	6.0	7.0	6.1	5.2	6.5	7.4	북서
667	옹도	4.5	5.2	5.6	5.8	4.3	4.7	5.8	6.3	4.8	5.2	6.2	북
12	안면센터	3.5	5.1	5.7	5.0	5.0	4.5	4.7	5.6	5.6	5.1	5.3	북
666	안도	3.8	4.5	5.1	4.6	4.4	4.5	4.6	5.1	4.9	5.0	5.2	북
129	서산	2.7	3.8	4.3	4.3	3.9	3.4	3.6	4.8	4.4	3.9	4.1	남서
607	근흥	2.8	3.8	4.4	3.9	3.4	3.6	4.4	4.4	3.9	4.2	4.9	북
606	대산	2.5	3.4	3.9	3.7	3.0	3.3	3.6	4.2	3.5	3.8	4.0	북
609	안면	2.5	3.4	3.8	3.4	2.7	3.5	3.8	3.8	3.2	4.0	4.3	북
658	만리포	2.5	3.4	3.9	3.5	2.9	3.4	3.9	4.0	3.5	4.0	4.4	서
616	당진	2.2	3.2	3.7	3.8	3.0	2.6	3.0	4.3	3.6	3.1	3.5	북
669	외연도	2.3	3.2	3.7	3.4	2.9	2.9	3.7	4.0	3.4	3.4	4.2	북
637	이원	2.0	3.1	3.6	3.2	2.7	2.8	3.4	3.8	3.3	3.4	4.0	북서
627	태안	2.0	3.0	3.5	3.2	3.0	2.7	2.9	3.8	3.5	3.2	3.4	북
645	서부	1.7	2.6	3.1	3.0	2.5	2.2	2.6	3.6	3.0	2.7	3.1	북
610	홍성	1.4	2.2	2.7	2.9	2.1	1.7	2.1	3.4	2.6	2.2	2.6	북

출처 : 기상청 홈페이지

부표(3)

5년간 평균값 (2005~2009년) 연평균

순위	지점번호	지점명	평균풍속(m/s)	풍속 5 m/s 이상 비율(%)	주풍향	주풍향 빈도(%)	5 m/s 이상 주풍향 빈도수(%)	순간최대풍속(25 m/s 이상)	
								건수	비율(%)
1	554	미시령	8.4	75.6	서	25.0	22.5	3156	7.5
2	185	고산	8.3	81.9	북	33.8	30.7	1561	3.7
3	160	부산 (레)	8.2	86.8	서	26.2	23.7	1827	4.3
4	726	마라도	8.1	81.1	북서	24.4	22.1	1334	3.2
5	961	간여암	8.0	80.7	북서	20.9	18.3	267	1.9
6	316	무등봉	7.9	77.3	북	26.0	20.3	845	2.0
7	798	홍도	7.8	72.7	북서	34.3	28.5	1012	2.4
8	39	정보없음	7.7	81.4	북	51.0	45.6	0	0.0
9	41	정보없음	7.7	89.7	북	35.5	34.0	1	0.1
10	175	진도 (첨찰산)	7.7	85.2	북서	26.5	24.7	159	0.4

출처 : 기상청 홈페이지

부표(4)

5년간 평균값 (2005~2009년) : 봄 평균

순위	지점번호	지점명	평균풍속(m/s)	풍속 5 m/s 이상 비율(%)	주풍향	주풍향 빈도(%)	5 m/s 이상 주풍향 빈도수(%)	순간최대풍속(25 m/s 이상)	
								건수	비율(%)
1	554	미시령	8.9	79.9	서	26.1	23.9	1198	10.9
2	185	고산	8.4	82.7	북	35.7	32.7	377	3.4
3	316	무등봉	8.4	82.6	북	23.3	18.4	342	3.1
4	160	부산 (레)	8.2	88.1	서	26.3	24.2	342	3.1
5	175	진도 (첨찰산)	8.2	88.1	북서	29.8	28.0	50	0.5
6	102	백령도	8.0	87.8	서	25.2	23.3	74	0.7
7	726	마라도	7.9	79.4	북서	27.5	25.3	375	3.4
8	961	간여암	7.9	79.8	서	21.0	17.2	110	3.0
9	229	격렬	7.8	84.3	남서	20.5	16.6	70	0.7
10	320	향로봉	7.7	83.9	북서	40.3	36.9	339	3.5

출처 : 기상청 홈페이지

부표(5)

5년간 평균값 (2005~2009년) : 여름 평균

순위	지점 번호	지점명	평균 풍속 (m/s)	풍속 5 m/s 이상 비율 (%)	주풍향	주풍향 빈도 (%)	5 m/s 이상 주풍향 빈도수 (%)	순간최대 풍속 (25 m/s 이상)	
								건수	비율 (%)
1	316	무등봉	7.5	74.4	동	21.1	16.7	227	2.5
2	961	간여암	7.5	78.4	동	22.8	20.2	40	0.9
3	175	진도 (첨찰산)	7.2	81.2	남동	31.6	28.0	49	0.4
4	160	부산 (레)	7.1	82.0	서	26.5	23.0	193	1.8
5	911	매물도	7.1	69.8	서	33.8	21.1	37	0.4
6	102	백령도	6.9	77.9	동	18.4	15.5	29	0.3
7	554	미시령	6.9	69.4	서	23.5	20.2	144	1.3
8	320	향로봉	6.8	74.3	북서	27.4	21.8	79	0.8
9	726	마라도	6.7	71.7	동	28.0	23.6	234	2.1
10	185	고산	6.4	70.8	남동	24.9	21.5	35	0.3

출처 : 기상청 홈페이지

부표(6)

5년간 평균값 (2005~2009년) : 가을 평균

순위	지점 번호	지점명	평균 풍속 (m/s)	풍속 5 m/s 이상 비율 (%)	주풍향	주풍향 빈도 (%)	5 m/s 이상 주풍향 빈도수 (%)	순간최대 풍속 (25 m/s 이상)	
								건수	비율 (%)
1	726	마라도	8.2	82.5	북서	25.7	23.1	202	2.1
2	961	간여암	8.2	82.2	북동	32.9	29.7	22	0.6
3	160	부산 (레)	8.0	86.8	북동	23.0	21.4	343	3.5
4	39	정보없음	7.9	80.2	북	59.1	51.7	0	0.0
5	185	고산	7.9	81.3	북	33.9	30.5	139	1.4
6	554	미시령	7.6	69.3	서	22.0	19.1	589	6.1
7	316	무등봉	7.5	71.6	북	30.7	23.3	890	0.9
8	41	정보없음	7.4	86.9	북	44.3	43.0	0	0.0
9	855	가파도	7.3	78.7	북	34.6	28.0	37	0.4
10	960	지귀도	7.3	75.5	북동	36.1	31.6	113	1.1

출처 : 기상청 홈페이지

부표(7)

5년간 평균값 (2005~2009년) : 겨울 평균

순위	지점 번호	지점명	평균 풍속 (m/s)	풍속 5 m/s 이상 비율 (%)	주 풍 향	주풍향 빈도 (%)	5 m/s 이상 주풍향 빈도수 (%)	순간최대 풍속 (25 m/s 이상)	
								건수	비율 (%)
1	798	홍도	9.7	82.4	북서	58.3	54.1	536	5.6
2	160	부산 (레)	9.4	90.3	서	32.8	31.0	807	8.3
3	726	마라도	9.3	90.5	북	35.1	33.5	431	4.5
4	961	간여암	8.9	84.7	북서	53.3	49.5	95	3.0
5	855	가파도	8.5	90.4	북	37.6	35.2	134	1.4
6	316	무등봉	8.2	79.0	북	40.8	34.4	132	1.4
7	725	우도	8.2	79.9	북서	44.3	41.2	64	2.0
8	797	하태도	8.2	86.8	북서	23.0	22.0	246	2.6
9	873	백운산	8.1	84.9	북서	62.0	55.4	21	0.2
10	169	흑산도	8.0	85.5	북	50.3	46.8	45	0.5

출처 : 기상청 홈페이지

Chapter 04

바이오매스 에너지

바이오매스

바이오매스는 1972년의 제1차 오일 쇼크 이후 그 중요성이 더욱 부각되어 있고, 오늘날에 이르러서는 석유, 석탄, 천연가스에 이은 세계 4위의 에너지 자원으로 성장하였다. 전 세계 1차 에너지 수요의 15 %를, 개발도상국에서는 1차 에너지 수요의 35 %를 바이오매스가 감당하고 있다.

바이오매스는 어떤 의미에서 그 성능이 매우 다양한 에너지 자원이다. 전력, 열, 수송용 연료를 생산할 수 있고 저장할 수도 있다.

또 생산 단위도 소규모에서부터 수 MW에 이르기까지 광범위하다. 따라서 바이오매스 에너지는 미국, 유럽과 같은 공업선진국뿐만 아니라 열대, 아열대에 위치한 신흥 개발도상국에 있어서도 장래 유망한 에너지 자원으로 자리매김하고 있다.

바이오매스는 크게 나누어 수목계 (목재, 수피 등), 초본계 (사탕수수 등), 수생식물 (물옥잠 등), 해초류 (다시마 등), 미소 조류 (클로렐라 등), 유기 폐기물 (농산, 임산, 도시 폐기물 등) 등으로 분류할 수 있다. 우리나라의 바이오매스 자원으로는 간벌재 등의 임산 (林産) 폐기물과 제재소에서 나오는 나무 부스러기 및 톱밥, 볏짚, 곡식 도정 과정에서 나오는 겨 등의 농산 폐기물 등이 있지만 그 양은 기대에 미치지 못한다. 오히려 연간 수천만 톤씩 배출되는 도시 쓰레기의 활용이 기대된다.

4·1 바이오매스 에너지의 특징

바이오매스란 수목이나 풀 혹은 조류 (藻類)와 같은 생물체의 집합을 의미한다. 즉 태양 에너지로 광합성하여 자라는 식물체로, 집합한 일정량을 에너지로 이용할 수 있는 것을 이른다.

바이오매스의 특징은,

① 재생 가능(renewable)하고, ② 지역적으로 편재하지 않으며, ③ 자연 환경에 대한 영향이 적고 생태계와 조화를 이루면서 이용 가능할 뿐만 아니라, ④ 지구 규모로 본 경우 CO_2 밸런스를 무너뜨리지 않는 청정 에너지이다.

그러나 반면에, ① 공급에 계절성이 있고, ② 에너지 밀도가 낮으며, ③ 수분이 많기 때문에 단위 중량당의 발열량이 낮은 것이 단점이기도 하다.

바이오매스라는 용어는 본래 전문용어였으나 최근에는 재생 가능 에너지 자원이라는 뜻으로도 사용되고 있다. 하지만 재생 가능하다는 것은 이용한 만큼의 양을 조림 등으로 보충함으로써만이 성립되는 말이다. 무제한 벌채만 한다면 역시 고갈을 면치 못할 것이다. 따라서 바이오매스 자원을 이용함에 있어서는 지속적인 바이오매스 자원으로 키워 나가기 위한 적절한 관리가 계속 요구된다.

표 4-1 **바이오매스의 특징**

장 점	단 점
1. 재생 가능(renewable)하다. 2. 지역적으로 편재하지 않는다. 3. 자연환경에 대하여 피해가 없고 생태계와 조화로운 이용이 가능하다. 4. 지구 규모로 본 경우 CO_2 밸런스를 무너뜨리지 않는 청정 에너지이다.	1. 공급에 계절성이 있다. 2. 에너지 밀도가 낮다. 3. 수분이 많아 발열량이 작다.

인류는 매우 오래 전부터 바이오매스와 깊은 연관을 가져왔다. 에너지 이용 측면에서도 난방과 취사는 물론 목탄을 만들어 환원제로 제철 등에 이용하여 왔다. 오늘날에 이르러서는 전 세계의 1차 에너지 중에서 바이오매스 에너지가 차지하는 비율은 15 % 전후에 이르고, 개발도상국에서는 38 %에 이르는 매우 높은 비율을 기록하고 있다.

바이오매스는 재생 가능 에너지 중에서 유일하게 유기성인, 다시 말해서 탄소를 함유한 에너지 자원이다. 바이오매스는 지속적으로 이용하는 한, 즉 수목을 벌채하여 태워 에너지로 이용하여도 그 분량만큼 조림을 한다면 대기 중의 이산화탄소의 균형은 유지된다. 이 성질 (carbon neutral) 때문에 바이오매스를 화석연료를 대체할 목적으로 이용하고, 궁극적으로 지구 온난화 대책 기술의 하나로 관심을 모으고 있다.

성장이 **빠른** 유칼립투스 (eucalyptus)와 같은 수종을 대규모로 심어 6년 내지 10년 간격으로 벌채와 식수를 반복하고, 벌채한 목재로 발전 등 에너지를 생산하는 시스템을 에너지 플랜테이션 (energy plan-tation)이라 한다. 이 경우 원료인 목재 등의 바이오매스를 신형 바이오매스라 하여 이제까지의 장작이나 목탄 등의 전통적인 이용과 구별한다.

화석연료를 대체하기 위한 새로운 바이오매스 이용 기술이 여러 분야에서 연구되고 있다. 에너지 변환의 열화학적 방법 분야에서는 바이오매스를 가스화하는 합성가스를 만드는 것으로부터 메탄올과 가솔린 제조, 열분해에 의한 에틸렌과 아세틸렌, 연료 오일의 제조, 고효율 발전을 위한 목재의 복합가스화 발전, 식물유를 개질한 디젤유 대체연료 제조 기술 등이 있다.

한편, 알코올 발효를 대표로 하는 생물화학적 분야에서는 식물의 섬유소를 분해하여 포도당으로 만드는 셀룰라아제 (cellulase) 효소의 생산성을 높이는 균주의 개량, 고정화 효모에 의한 연속발효와 순간 발효 시스템 (flashfermentation system), 셀룰로오스의 당화와 발효를 동시에 하는 동시 당화발효 (simulationeous saccharification and fermentation : SSF)라는 공정 개발 등이 있다.

4·2 바이오매스로 에탄올을 제조

에탄올을 얻기 위해서는 당을 직접 발효시키는 것이 가장 간단한 방법이다. 당의 에탄올 발효는 다음 식으로 나타낸다.

$$C_6H_{12}O_6 \rightarrow 2C_2H_5OH + 2CO_2$$

사탕수수와 사탕비트 등에서 당분을 추출하여 에탄올을 발효시키는 것인데, 특히 사탕수수는 열대지방에서 생산성이 높고, 짜고 남은 찌꺼기는 연료로 사용할 수 있으므로 전체적으로 에너지 효율이 매우 높은 편이다. 당질작물(糖質作物)에서 에탄올을 얻는 방법이 가장 간단하고 비용도 싸기 때문에 새로운 당질작물 개발이 시도되고 있다. 예를 들면 야생종인 사탕수수는 에너지 캔 (energy can)이라고도 불린다. 저렴한 비용으로 생산이 가능하며 특히 이 야생종 사탕수수는 병에 강할 뿐만 아니라, 가뭄에 잘 견디며 여간해서는 쓰러지지 않는 특성을 가지고 있다. 따라서 생산 비용을 대폭 경감할 수 있다. 그러나 수량(收量)이 낮고 당분 함량이 8~10 %로 낮은 것이 결점이므로 그 개선이 추진되고 있다.

셀룰로오스 내지 헤미셀룰로오스 (식물체 속의 고무상 다당류 탄수화물)를 당화발효시키는 기술은 실용적으로는 아직 개발도상에 있다. 셀룰로오스를 추출하기 위해서는 보통 그것을 둘러싼 리그닌 (lignin)을 먼저 분해하여 분리할 필요가 있다.

새로운 당질작물의 예로는 카사바 (cassava)와 같은 땅속 줄기작물로 당의 함량도가 많은 것을 검색하고 있다. 그 중에는 1헥터당 10~15톤의 수확량과 15 %의 당 함량을 가진 작물도 발견되었다. 그러나 저온 저장이 필요하므로 그것이 문제라고 한다. 미국의 예를 들면, 현재 380만 kL의 에탄올을 생산하고 있다. 이것은 생산되는 옥수수의 5 %에 해당되는 잉여 곡물을 처리하는 것으로, 옥수수알의 녹말만을 알코올로 변환한 것이다. 그러나 가까운 장래에는 알 이외의 부

분을 알코올화 하는 기술이 개발될 것이다. 또 줄기와 잎 부분도 에탄
올화하는 연구 개발이 이어지고 있다.

브라질에서는 사탕수수를 눌러 짜서 얻는 주스를 원료로 사용하는
발효법으로 연간 1200만 kL의 에탄올을 생산하고 있다. 그리고 설탕
가격을 안정화시키기 위해 에탄올 생산을 장려하여 가솔린 대용으로
사용하였으나 최근에 이르러서는 가솔린 가격의 안정으로 가솔린 대
용으로보다는 주로 화학원료로 사용하고 있다.

에탄올은 희석하지 않고 그대로 사용하거나 혹은 가솔린 (90 %)과
에탄올 (10 %)의 혼합물로 만들어 사용할 수 있다. 100 %의 에탄올을
사용하는 경우에는 엔진 개조가 필요하지만 혼합연료를 사용하는 경
우에는 엔진을 개조하지 않아도 된다.

에탄올은 메틸−삼차−부틸에테르 (methyl tertiary butylether : MTBE,
$C(CH_3)_3$ (OCH_3))로 대용이 되고 또 무연 (無鉛)연료의 옥탄가 증강용
으로도 사용할 수 있다. 옥탄가는 엔진의 노킹 (knocking) 상태를 나
타내는 지표로, 대다수의 나라들이 노킹을 방지하기 위해 4−에틸납
을 사용하였으나 현재는 무연 가솔린을 사용하고 있다. 유럽에서는
유럽자동차제조협회 (AEAM)가 권장하고 있는 가솔린과의 혼합률은
에탄올 5 %, MTBE는 15 %이다. 에탄올은 장래 목질계 원료인 셀룰로
오스의 당화로 생산하는 것도 가능하다.

셀룰로오스질 작물에서 에탄올을 생산하는 기술 개발도 현재 집중
적으로 이루어지고 있다. 이것은 전술한 바와 같이 SSF 공정이라고
하는 것인데, 당화와 발효 등을 동일 공정에서 진행하여 효율을 높임
으로써 비용 절감을 도모하는 것이다.

그림 4−1은 이 공정의 흐름을 나타낸 것이다. 원료로는 초본계인
스위치 그라스 (switch grass)*가 가장 좋은 작물 중 하나로 간주되고

---

* 스위치 그라스 (switch grass) : 북미 (北美)에서 자생하며, 잎은 송이처럼 모
  여 나고 연중 계속 자라는 볏과의 풀이다. 최근 에탄올, 섬유, 전기 및 열 생
  산과 대기 중 이산화탄소 제거를 위해 재배되는 바이오매스이다.

있다. 이것은 비료나 농약을 별로 쓰지 않아도 상당한 수확량을 기대할 수 있는 동시에 식료와의 경합이 없는 특징이 있다. 현재 작물 재배, 수확, 발효 연구가 진행되고 있으며 곧 현재의 가솔린과 비견할 만한 비용으로 생산이 가능할 것으로 전망된다.

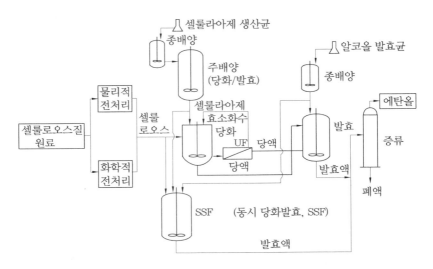

그림 4-1 **셀룰로오스 당화발효의 프로세스**

4·3 바이오 디젤

식물유를 메틸알코올 혹은 에탄올로 에스테르화한 것을 바이오 디젤이라 하며, 디젤연료 대용으로 사용하고 있다. 일반적으로 산과 알코올의 반응을 에스테르화 반응이라고 하며, 그 반응물을 에스테르라고 한다. 이미 유럽 몇 개 나라에서는 실용화하고 있으며 미국에서도 지난날 식용유가 자동차용 연료로 사용된 시대가 있었다.

바이오 디젤연료는 탄소 순환에 의한 이산화탄소의 수지가 밸런스되어 CO_2가 중립적인 연료이다. 미국에서는 1990년 순환법이 제정된 이래 연구에 착수하여 실용화가 모색되어 왔다. 배기가스 중의 SO_2가 적고 독성이 낮은 특성이 있다. 현재 유럽에서는 오스트레일리아, 프랑스, 체코 등에서 메틸에스테르 연료가 수만 톤 생산되고 있다. 미국에서는 대두유에서 뽑은 메틸에스테르를 버스에 사용하는 시운전 테스트가 실시되고 있는데, 이제까지의 중간보고에 의하면 디젤연료에 비하여 경제성은 3% 정도 낮지만, 환경 적응면에서는 우수하므로 전체적으로 보아 바이오 디젤 사용에는 문제가 없다고 한다.

가공하지 않은 생 식용유는 점도가 높고(보통 11~17배) 세탄가도 낮으므로 현재의 고속 디젤 엔진에 직접 사용하기는 어렵다. 무리해서 사용한다고 해도 카본이 달라붙어 누적되며, 또 윤활유의 열화도 회피하기 어렵다. 일반적으로는 이것을 메틸에스테르화함으로써 점도를 낮추고 세탄가를 높여 일반 디젤연료에 접근시켜 사용하고 있다. 생물학적인 분해성이 특징인데 보통 21일 이내에 분해된다고 한다. 또 특성이 낮고 높은 인화점을 가지고 있다. 그리고 일반적으로 배기 특성이 좋아 SO_x, 일산화탄소 등이 감소한다. NO_x의 상승 억제도 가능하다는 보고도 있다.

엔진의 토크 및 출력은 약간 떨어지거나 별 변화가 없다는 보고가 있다. 총체적으로 볼 때 스모크도 경감되고 환경 적응성이 높으므로 약간 높은 가격을 커버할 수 있을 것으로 평가되고 있다.

채종유(菜種油)와 대두유(大豆油)는 점성을 낮추기 위해 에스테르화 반응으로 개질하고 식물유는 바이오연료로 엔진에 적합하도록 식물유 에스테르로 변환시킨다. 이 경우 에스테르화 반응에 사용되는 알코올이 메탄올이면 메틸에스테르가 형성되고, 메탄올이면 에틸에스테르가 된다. 가장 일반적인 식물유 에스테르는 채종유의 메틸에스테르(RME)로, 디젤 엔진의 연료로 사용되지만 공정의 생산성은 낮다.

다음의 예에서는 당초 3000 kg의 채종원료에서 약 1000 kg의 채종유와 1900 kg의 단백 사료로 변환된다. 에스테르화 공정에서 채종유는 에탄올로 처리되어 1000 kg의 RME와 110 kg의 글리세린으로 변환된다.

```
짜내기 (착출)      채종   →   사료   + 채종유
                (3000 kg) (1900 kg) (1000 kg)
에스테르화        채종유 → 글리세린 + RME
                (1000 kg) (110 kg)   (1000 kg)
```

식물유 에스테르는 실용적으로 유망하다. 디젤유에 1~100 %까지 혼합 사용할 수 있다. 기관지염 및 암 등 광범위한 건강 문제와 관련되는 배출물이 매우 낮은 수준으로 배출된다. 채종유에는 황이 포함되어 있지 않으므로 폐 기능에 손상을 주거나 산성비의 원인이 되는 이산화황도 배출하지 않는다. 그러나 순수한 RME를 연료로 사용하면 요리용 기름과 마찬가지로 냄새문제가 발생한다.

동남아시아에 부존하는 팜유 (palm oil)의 에스테르화에 의한 팜메틸에스테르를 100 % 사용한 경우의 환경 유효성과 실용화 문제를 조사한 바 있다. 디젤 엔진에 팜메틸에스테르를 사용한 경우, 경유의 품질 규격인 유동점을 제어하는 만족스러운 결과를 얻었다. 또한 배기가스 중의 미립자와 흑연이 감소하며 연비는 발열량 확산으로 경유와 동등하거나 우수하며 경유와의 혼합성이 양호하다는 사실이 밝혀졌다.

경제성이 큰 과제이지만 동남아시아, 특히 비산유국에서는 석유를 대체하는 것으로, 또 유럽에서는 식료 생산이 과잉 상태에 있으므로 잉여 농지의 유효한 이용이라는 측면에서도 채종유로부터 메틸에스테르 생산은 유망할 것으로 전망된다.

4·4   바이오매스 발전

바이오매스의 연소는 화학식으로는 다음 식으로 나타낸다. 즉 셀룰로오스로 대표되는 바이오매스가 산소와 반응하여 열을 발생하면서 이산화탄소와 물이 되는 과정이다.

$$C_6H_{10}O_2\,(\text{바이오매스}) + O_2 \rightarrow 6CO_2 + 5H_2O - 17.5\,\text{Mcal}$$

바이오매스의 연소열을 이용하여 물을 수증기로 바꾸어 터빈 등을 가동하는 수증기 발전은, 석탄을 연소했던 이제까지의 발전과 그 원리는 마찬가지이다. 굳이 다른 점을 든다면, 바이오매스는 일반적으로 물의 함량이 40~50 %로 높기 때문에 단위 중량당의 발열률이 낮은 것이 단점이다. 또 바이오매스 생산성 제한에서 유래되는 공급량이 석탄 등에 비하여 적기 때문에 규모면으로 볼 때 제약이 따르므로 대형 발전소 건설이 어렵다. 대량 생산에 의한 원가 절감을 기대할 수 없기 때문이다.

미국에서는 바이오매스에 석탄이나 폐기물 등에 섞은 혼합연료를 허용하면서 이미 수십 기의 바이오매스 발전소가 가동되고 있다. 발전효율은 20 % 이상이다. 석탄에 비하여 상당히 낮은 효율이나 그래도 감내하고 있는 것이 사실이다.

그러나 이 분야에서도 급속한 기술 진전을 발견할 수 있다. 바로 유동상(流動床) 연소에 의한 것이다. 유동상 연소는 높은 효율을 갖는데, 혼합연료와 60 %까지의 수분을 함유하는 연료도 연소할 수 있다. 최대 보일러(100 MW까지)는 화격자(火格子) 시스템으로 되어 있으며 시간당 약 200톤의 증기를 생산할 수 있다.

직접 연소하는 기술은 이미 상업화되었다. 세라믹 가스 터빈에서 바이오매스 분(粉)을 사용하는 화력 발전도 이미 수년 전에 상업화되었다. 터빈 성능은 100~500 MW이다. 생산되는 것은 열과 고압 증기인데, 후자는 터빈을 거쳐 발전 또는 가정용 코디네이로 사용된다.

연구 · 개발 과제로는 고형(固形)의 탄소질이 반응벽에 석출하는 코킹 방지, 연소 공기와 연료의 이송 등에 관한 기술 사항이다. 연소효율의 개선(30 % 이상), 오염물질의 경감 및 전기와 열 두 가지를 공급하는 코제네레이션(열병합 발전) 플랜트 개발 등 많은 개선이 시도되어 왔다. 그러나 외연기관인 스타링 엔진 및 가압형 유동상 연소

시스템은 더 많은 연구·개발이 요구되고 있다.

　연구·개발의 주된 노력 방향은 혼합 연소의 가능성, 선진 보일러 개발과 실증 평가 등이다. 또한 부식성이 있는 알칼리와 염소화합물 및 그 방지책 등도 큰 과제이다.

　가장 선진적인 공정은 50 MW까지 가능한 바이오매스 복합가스화로―수증기 주입 가스 터빈 방식(biomass-integrated gasifier/steam injected gas turbine : BIG-SIGT)이다. 즉 바이오매스를 직접 연소하여, 그 열로 수증기를 만들어 터빈을 돌리기보다는, 바이오매스를 가스화하여 1200℃의 고온가스로 터빈을 돌리고 또 잉여 열을 이용하여 수증기 터빈을 돌린다면 보다 높은 효율의 발전이 가능하다.

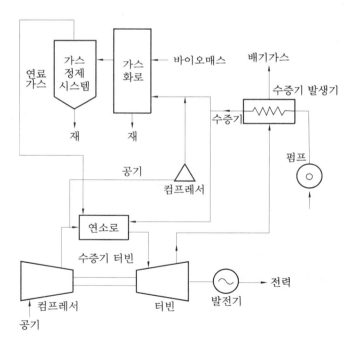

그림 4-2 **증기 주입 가스터빈 발전(BIG-SIGT)의 공정 흐름도**

공기를 매체로 사용하는 모든 가스화 장치는 이미 상업화되었다. 효율이 가장 좋고 경제적인 가스 사용은, 증기 사이클과 복합화한 가스 터빈을 매개한 발전이다. 가스화는 소규모 (10 kW에서 50 MW)로, 내연기관과 조합한 것에 비하여 연소보다 높은 수율을 나타낸다. 그림 4-2는 BIG-SIGT의 공정 흐름도 (process flow)이다.

가스화의 연구 · 개발은 대규모 (1000톤/일)의 산소 또는 공기 흡입 시스템의 실현을 목적으로 하고 있다. 42~47 %의 효율을 달성하기 위해 IGCC (integrated gasification combined cycle : 가스화 복합 발전) 및 SIGT 등 높은 효율의 발전용 시스템 개발이 장래 과제이다.

단, 가스화는 원료의 종류, 수분 함량, 회분 (灰分) 및 입자 크기의 변화에 민감하다. 가스는 냉각과 동시에 콜타르상 물질을 제거하고 분진을 제거하여 어느 정도의 수분을 함유한 상태로 내연기관에 사용할 수 있다. 만약 가스의 청정화가 되지 않으면 콜타르상 물질이 흡입 펌프 내면에 눌러 붙어 가스와 공기의 유입을 불가능하게 만든다. 분진은 카뷰레터를 막히게 하고, 엔진에 손상을 주며 피스톤과 실린더 내벽 사이를 가는 역할을 하는 원인이 된다.

스웨덴의 베르나모에 있는 싯드크라프트사는 바이오매스의 IGCC 실용화를 목표로 연구 개발을 추진하고 있으며, 발전 규모는 6 MW이고 발전효율은 32 %이다. 그림 4-3은 이 공정 흐름도이다. 원료가 되는 목재는 칩이며 보통 50 % 전후의 수분이 포함되기 때문에 전처리의 공정에서 5 %까지 수분이 경감된다.

1년간 필요로 하는 칩은 습한 중량으로 2만 톤이고, 가스화는 가압 가스로로 하는데 20기압, 1000℃의 건조 조건이다. 가스 터빈으로 4 MW, 수증기 터빈으로는 2 MW의 출력이므로 합계 6 MW이다.

전술한 바와 같이 콜타르상 물질이 생성되는 것은 불리하므로 그것을 방지하기 위해 가스화로의 유동 상태와 온도 기울기를 균일화하기 위해 유도 촉진제로 칼슘과 마그네슘의 탄산염으로 구성된 광물인 백운석 (dolomite)을 사용하고 있다. 온도를 1000℃까지 높이면 백운석의 작용으로 콜타르상 물질이 분해되기 때문이다. 스웨덴에서는 제재 공장에서 나오는 폐 재료나 칩을 석유 가격에 비하여 약 3분의 1 가격으로 입수할 수 있으므로 이 바이오매스 발전을 경제적으로 가능하게 하고 있다.

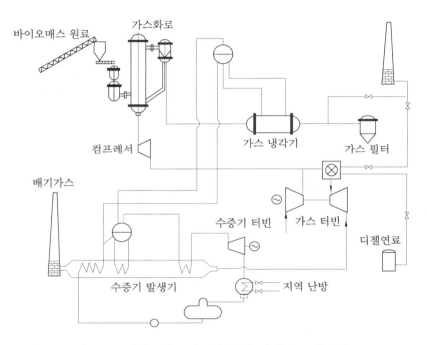

그림 4-3   **바이오매스 가스화 복합 발전의 공정 흐름도**

배기가스에 관해서는 NO_x가 50~159 ppm, SO_x가 5~10 ppm, CO가 50~200 ppm, 탄화수소가 0~4 ppm, 분진이 1 m^3당 5 mg 정도인 것으로 보고되었다. 현재까지 통산 1300시간의 연속 운전을 기록하고 있으며 실용화가 기대된다.

4·5 바이오매스로 오일 생산

유기물을 오일로 변환하는 방법으로는 오래전부터 열분해법이 이용되어 왔다. 여기서 유화(油化) 반응을 열분해와 대비하여, 간단하게 설명하겠다. 양자 모두 열화학적인 방법, 즉 온도, 압력, 촉매 등의 작용으로 유기물을 유상(油狀) 물질로 변환한다. 일반적으로 바이오매스를 구성하는 유기 성분은 셀룰로오스, 조(粗)단백, 조지방, 탄수화물, 리그닌 등이다. 여기서는 연속 유화장치에 의해서 실증 실험을 실시한 하수 오니의 유화를 예로 설명하겠다.

유화 반응의 경우는 이들 고분자가 알칼리성 수용액 존재 아래서 저분자인 반응성이 풍부한 부분으로 분해되고, 동시에 탈산소화되면서 적당한 분자량의 유상 성분으로까지 중합되는 것으로 간주되고 있다.

한편, 열분해에서는 일반적으로 촉매가 불필요하며, 분해된 가벼운 부분이 기체상의 균일 반응으로 지방족 성분이 풍부한 오일상 물질이 되는 것으로 믿어진다.

유화 반응과 열분해 양자의 조작 조건 차이를 비교하면, 온도는 유화 반응이 약간 낮지만 조작 압력은 열분해에 비하여 매우 높은 것이 특징이다. 즉 전자가 50~100기압과 조작 온도의 포화 수증기압 이상인 데 비하여 후자는 상압 정도이다. 반응 장치의 설계 조건으로 미루어 고찰할 때 열분해가 유리하다.

그러나 하수 오니와 같은 수분 함량이 높은 원료인 경우 건조공정이 불가결하므로 종합적으로 평가할 때 열분해하는 것이 에너지적으로 불리하다. 따라서 수분 함량이 보통 70~80 %인 하수 오니의 경우는 유화(油化) 반응이 적합한 것으로 판단된다.

다음은 기초적인 유화 반응의 결과와 이것을 바탕으로 개발한 연속 장치에 의한 운전 결과 및 에너지 수지 등에 관하여 소개하겠다. 그림 4-4는 연속장치의 개략적인 흐름도이다. 이 장치는 압입 - 반응 - 냉각 - 감압의 4공정으로 구성되어 있다. 출발 원료인 탈수 오니는 압송 펌프에 의해서 일단 인젝션 탱크(injection tank) 내 (피스톤의 하부)에 충전되고, 그 후에 인젝션 펌프의 압력수에 의해서 피스톤을 거쳐 간접적으로 반응기에 압입된다. 오니는 반응기 안에서 뒤섞이면서 밀려 올려져 외부 자켓에 공급된 열매 증기에 의해서 가열된다. 반응기 안의 오니가 체류하는 시간은 약 2시간이고, 반응기의 거의 중간에서 반응 온도에 도달한 후, 그 온도가 약 1시간 유지된다.

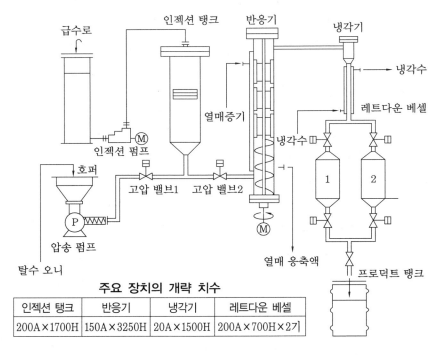

주요 장치의 개략 치수

인젝션 탱크	반응기	냉각기	레트다운 베셀
200A×1700H	150A×3250H	20A×1500H	200A×700H×2기

그림 4-4 **하수 오니의 연속 유화장치 흐름도**

반응 후의 생성물 (잔사 고형물질 및 물의 혼합물)은 탈수 오니에 비하여 유동성이 크게 개선되었으므로 냉각기 내벽에 박막을 형성하면서 흘러내려 100℃ 이하까지 신속하게 냉각된다. 냉각 후의 생성물은 수용기인 레트다운 베셀(ret down Bessel)에 보내진 후 헤드 스페이스의 반응가스를 뽑아냄으로써 대기압까지 감압되어 외부로 배출된다. 2기의 베셀(Bessel)을 상호 사용하여 연속적인 감압을 가능하게 하고 있다.

실험을 통하여 얻은 생산물은 장치의 성능을 평가하기 위해 유기용제를 사용한 추출에 의해서 오일, 잔사 고형물 및 수상(水相)으로 분리된다. 연속장치의 실험 결과에 의하면 오니 중의 유기물 40~50%를 오일로 변환하는 것이 가능했다. 또 연속 운전의 결과는 병행하여 실시한 오토클레이브(autoclave)에 의한 배스 실험(bath test)의 결과와 거의 일치하였으므로 연속장치가 충분한 성능을 발휘한다는 것을 입증했다. 이 기술은 그림 4-4의 것보다 약 10배 용량 규모의 실증 플랜트가 일본 도지키현의 도네(利根)정화센터에 건설되어 그 운전 안정성이 확인됐다.

매일 약 100톤의 오니처리 용량 설비를 가정하면 유화에 필요한 에너지는 잔사 고형물 및 오일 일부로 감당할 수 있으며, 약 4톤의 오일을 생산할 수 있다. 이것은 에너지 창조형 오니처리법이라 할 수 있어, 잉여 오일은 하수처리장 내의 각종 시설 열원과 발전에 사용할 수 있다.

또 오니처리 비용을 계산한 결과 이제까지의 소각 처리에 비하여 보조연료가 불필요한 대신 잉여 오일을 생산할 수 있으므로 유화는 이전의 방법보다 비용이 낮은 것으로 계산되었다.

유화 처리로 획득한 오일의 성상이 어떤 것인가는 그 이용면에서 매우 큰 흥미를 갖게 한다. 오일의 성상에 관해서는 발열량이 단위 중량당 8000 kcal이다. 질소 함유율이 약간 높고 필요에 따라 배기가스 처리가 필요한 경우도 있지만, 보일러 연료로 사용하기에는 충분한 발열량을 가지고 있다. 이 기술은 기본적으로는 모든 유기성 물질에 적용 가능하므로 장래의 기술로 기대된다.

4·6 바이오매스의 열 이용

(1) 열분해 가스

열분해 가스는 보통 바이오매스를 먼저 연소하고 발생한 이산화탄소를 탄소가 퇴적하고 있는 환원층으로 이끌어 환원 반응으로 일산화탄소와 수소를 만드는 것이다. 미국에서는 스위치 그라스의 대규모 가스화 공장이 계획되고 있으며 얻어진 가스는 발전에 쓰기로 했다.

또 미국의 재생 가능 에너지 연구소에서는 크래킹 (cracking)에 의한 바이오가스 및 액체 생산을 목적으로 하는 연구가 이어지고 있다. 이것은 보르틱스 리액터라는 기다란 파이프 라인을 약 600℃ 가열한 다음 그 속에 바이오매스를 통과시키면서 열분해하여 기체 및 액체를 얻기 위한 것이다. 특히 바이오매스 원유를 얻는 것을 큰 목적으로 하고 있다. 이것은 연료뿐만 아니라, 각종 공업 원료의 기초가 되기 때문이다.

(2) 메탄가스

메탄 발효에는 2조 (槽)식 등 원리적으로 우수한 것이 개발된 바 있지만 실용적으로는 제어가 간단한 1조식이 사용되고 있다. 축산이 발달한 덴마크에서는 메탄 발효조의 개발·설치에 힘을 쏟고 있다. 그러나 안정된 출력을 가진 발효조의 유지 관리는 쉽지 않다. 또 경제성을 확보하는 것도 일반적으로는 어렵다. 때문에 스케일 메리트를 추구한 대형화와 간단한 장치에 의한 소형화의 2극화 경향을 엿볼 수 있다.

근년 덴마크에서는 정부의 지원을 받은 대형 발효조 개발이 진행되어 왔다. 1500 m³의 발효조는 1일당 50톤의 가축 분뇨를 처리하여 하루 3500 m³의 바이오가스를 생산하고 있다. 이 발효조를 설치한 마을에서는 에너지 수급 밸런스에 성공하였으며, 근년에 이르러서는 7600 m³ 규모의 고열 메탄에 의한 발열조도 만들어 가동을 시작했다.

(3) 셀룰로오스계 고체연료

유럽과 미국에서는 주방에서 나오는 쓰레기를 음식물 찌꺼기 분쇄기로 처리하기 때문에 도시 쓰레기는 수분이 적고 열량이 크다. 반면에 일본이나 우리나라의 도시 폐기물에는 주방 쓰레기가 섞이는 사례가 많기 때문에 부패하기 쉽고 열량이 낮은 결점이 있다.

일본에서는 도시 폐기물을 중심으로 경우에 따라서는 목질계 바이오매스를 가열해서 셀룰로오스계 고체연료를 제조하고 있으며, 이를 RDF(refuse derived fuel)이라 한다. 구체적으로는 석회 등을 혼합·압축 성형하여 원주상의 고체연료를 제조하고 있는데, 열량은 kg당 4000~5000 kcal 정도, 부피 비중은 0.45~0.55이다. 최대 규모의 공장이 삿포로 시에 소재하며 온수 또는 수증기에 의한 열 공급에 사용하고 있다.

이 연료를 사용함으로써 석탄 사용량을 4만 톤에서 2.6만 톤으로, 등유는 4000 kL에서 1000 kL로 삭감할 수 있었다고 한다. 그러나 석탄과의 혼합 연소는 비중이 다르기 때문에 제어가 어려운 것이 결점이다.

한편, 미국에서는 약 1000개의 소형 발전소가 가동되고 있다. 특히 하이브리드 포플러 등 성장이 빠른 수종을 단기간 집약적으로 키워 발전에 제공하려는 구상이 추진되고 있다. 포플러 묘목을 이식한 다음 처음 2년간은 제초제로 관리하고 그 후에는 격년제로 비료를 주고 3~6년이면 수확을 한다.

발전에서 남은 재는 토양에 환원시켜 지력 유지를 돕고 있다. 이것은 발전소와 바이오매스 재배장 위치가 80 km를 넘지 않는 범위에서 가능하다. 또 이처럼 단기간 재배한 잡목재들은 스위치 그라스 (switch grass)보다 뿌리가 더욱 깊이 뻗으므로, 하천이나 소호(沼湖) 주변에 전개함으로써 일반 경작지에서 하천 등으로 유입하는 물의 필터 역할을 하므로 수질 보존 기능도 발휘하는 것으로 판단된다.

또 최근에는 기존의 화력발전소도 SO_x를 감축하기 위해 목질계 고체연료를 사용하는 것을 검토하고 있다. 스웨덴에서는 지역난방과 발전에 목질 바이오매스 이용을 집중적으로 추진하고 있으며 현재 이 나라의 1차 에너지의 15 %를 감당하고 있다.

나무는 벌채 때에 다루기 쉽도록 칩으로 만들어 발전소로 운반한다. 그리고 실제로 발전소에서 사용되는 것은 전체의 5 % 정도이고 나머지는 지역 난방용에 쓰이고 있다. 발전소 형식은 열병합 방식으로 효율을 높이는 데 힘을 쏟고 있으며 발전에는 가스 터빈도 사용하고 있다. 목재칩의 코스트는 석유의 3분의 1 정도로 경제성이 뛰어나기 때문에 이 시스템 보급의 최대 장점이 되고 있다.

4·7 조림에 의한 CO_2 고정화 효과

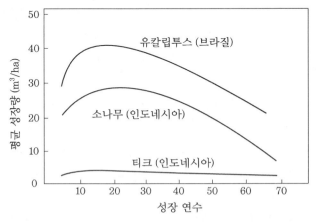

그림 4-5 **수목의 성장 과정**

삼림은 대기 중의 CO_2와 물로부터 자신의 유기체를 만드는데, 이것은 CO_2 고정이라는 관점에서 어떠한 효과가 있을까. 그림 4-5는 수목의 성장 과정을 모식적으로 표시한 것이다. 그림에는 성장 속도가 각기 다른 유칼립투스, 소나무, 티크의 예를 보여 주고 있다.

가로축은 수목의 성장 연수이고 세로축은 수목이 한해 동안에 자라는 성장량이다. 유칼립투스는 연간 최대 $40 \, \text{m}^3$ 이상 성장하므로 탄소 고정량은 10톤 이상이나 된다. 성장 연수, 즉 성목이 될 때까지의 필요 연수는 수목의 종류와 강수량, 일조 시간, 토양 등의 환경 요인에 따라 다르지만 빠른 경우에는 수년, 늦은 경우는 수십 년이 소요된다. 이것을 초과하면 CO_2를 고정하는 양과 방출하는 양이 평형 상태가 된다. 따라서 수목이 성장하는 동안 CO_2는 식물체에 흡수되어 CO_2를 고정시키게 된다. 즉 식물은 CO_2의 영구적인 고정은 되지 않지만 어느 정도 장기간에 걸쳐 CO_2 고정화에 효과가 있다.

열대·아열대 지역에서 삼림의 축적량은 헥터당 $160 \sim 320 \, \text{m}^3$ 정도이고, 온대와 아한대 지역에서는 헥터당 평균 $125 \, \text{m}^3$인 것으로 알려져 있다. 또한 식수는 지역적 기능 조건의 완화, 일사의 완화, 방풍, 토양 수분 증발산 억제, 미생물 활동의 활성화에 따른 토양의 열화 방지, 낙엽 등에 의한 양분의 토양 환원, 토양 침식 억제 등에도 기여한다.

성장을 끝낸 수목은 산화하거나 부식하여 다시 CO_2를 대기 중에 방출한다. 그렇게 되지 않도록 하기 위해서는 두 가지 방책을 생각할 수 있다. 첫째는 성장한 나무를 벌채하여 가구 같은 내구 제품이나 가옥 등의 건축재로 사용하는 것이고, 두 번째는 화석 자원을 대체하는 에너지로 사용하는 것이다.

식수는 눈에 보이는 CO_2 고정이며, 어느 정도의 강수량이 확보되고 심하게 열화되지 않는 한, 다소 성장량이 늦을지라도 세월이 경과하면 서서히 삼림이 형성된다. 즉 식수에 의한, 수십 년간에 걸친 CO_2

고정은 혁신적인 기술이 탄생할 때까지의 대역으로서 매우 유효하다
는 것을 새삼 인식할 필요가 있다.

4·8 바이오매스 플랜테이션에 의한 CO_2 감축

바이오매스를 적극적으로 사용함으로써 CO_2 감축에 기여하려는 것
이 바이오매스 에너지 재배장이다 (그림 4-6 참조). 나무를 심어 성장
한 단계에서 벌채하고, 그것을 연소하여 전력으로 변환하는 것을 지
속적으로 이어간다는 구상이다. 즉 석탄, 석유, 천연가스 같은 화석
연료를 원료로 발전하면 CO_2의 배출을 회피할 수 없지만 그 에너지를
재생 가능한 바이오매스로 대체함으로써 화석연료 사용을 감축할 수
있다.

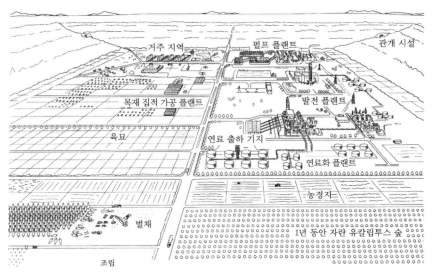

그림 4-6 **바이오매스 에너지 플랜테이션의 의미**

바이오매스를 연소하여 사용하여도 같은 양의 나무를 지속적으로

심어나가는 한 CO_2는 일단 대기 중에 방출되더라도 다시금 바이오매스로 고정되기 때문이다. 이와 같은 성질로 미루어 전술한 바와 같이 바이오매스를 카본 뉴트럴(carbon neutral)이라고 한다.

이하, 조림에 소요되는 필요 투입 에너지와 바이오매스로 생산되는 에너지를 계산하고, 또 바이오매스를 발전에 사용한 경우 석탄 대체로서의 에너지양으로부터 LCA적인 관점에서 어느 정도의 CO_2 배출 감축 효과가 있는가를 정량적으로 검토하기로 한다.

(1) 조 림

지금 여기서 성장이 빠른 나무, 예컨대 유칼립투스나 포플러를 6년 간격으로 벌채와 조림을 반복하는 사이클을 가상해 보자. 심는 나무의 성질은 표 4-2와 같다. 재배장 규모는 경제적인 관점에서 30 km 사방의 수만 헥터 크기를 가정하기로 한다. 바이오매스의 성장량은 연간 1헥터당 건조 중량으로 10톤으로 친다. 그러면 탄소로는 약 5톤이 고정된다.

표 4-2 **플랜테이션을 위한 수목(유칼립투스 또는 포플러)의 성질**

성장 속도 (t-dry/ha/y)	10
발열량 (kcal/kg)	4500
탄소 함유량 (−)	0.5
벌채 연수 (y)	6

바이오매스의 발전량은 4500 kcal/kg로 가정했다. 이 값은 이제까지 열대·아열대 지역에서 보고된 유칼립투스 성장 속도의 최대값 20톤의 절반을 기록한 것이므로 충분히 달성 가능하다. 또 브라질이나 중남미 지역의 사탕수수 성장 속도는 연간 1헥터당 건조 중량으로 50

톤이란 값도 보고된 바 있으므로 타당한 것으로 생각한다.*

이 생산량을 유지하기 위해서는 물론 정지작업, 조림, 간법, 벌채, 운반, 시비와 농약 살포 등에 에너지가 투입되어야 한다. 일반적으로 수목과 같은 목질계(木質系) 바이오매스의 경우 투입 에너지는 생산되는 목재 에너지의 수 %에 이르는 것으로 보고되었다. 이 투입 에너지는 조림을 하는 지역의 특성에 따라 다르다. 미국에서 재배장을 예상한 경우에는 벌채에 소요되는 에너지가 약 70%를 점유하고, 브라질에서는 펄프 제조를 위한 조림의 경우 농약에 소요되는 에너지가 큰 비중을 차지하지만 전체 투입 에너지값은 작은 편이다.

이러한 이유는 조림, 벌채와 유지 관리를 기계가 하는 것이 아니라 다수의 맨파워(인력)를 이용하기 때문이다. 개발도상국에서 에너지 재배장을 운영하는 경우 현지인의 고용 창출과 확보라는 경제적, 사회적인 공헌도 간과할 수 없다.

(2) 바이오매스 발전

재배장을 운영하여 획득한 목재를 발전에 이용하는 사례를 상정하여, 지금 30 km 사방의 토지를 조림에 쓰는 경우를 계산해 보자. 9만 헥터에 이르는 조림면적 중 6분의 1을 매년 벌채하므로 획득할 수 있는 목재량은 90만 톤이며, kg당 발열량을 4500 kcal로 계산하면 연간 4.05×10^{12} kcal가 된다. 이것을 발전에 사용하는 경우 송전단 효율을 22%, 발전소 가동률을 60%로 가정하면 발전 전력량은 1년간 약 10억 kWh가 된다. 이것은 발전소 규모로 친다면 약 20만 kW에 상당하다.

송전단 효율에 관해서는 석탄 화력의 경우 35% 정도인데 비하여 바이오매스 전력에서는 약간 낮은 22%로 설정하였다. 이것은 바이오매스 발전이 석탄 화력 발전에 비하여 대량 생산에 의한 원가 절감

---

* Copersucar Annual Rreport 1994/1995. Contro de Tecnologia Coper-sucar-CTC (copersucar).

효과를 기대할 수 없고, 또 바이오매스는 무게로 따져 수분을 절반 정도 함유하므로 단위 중량당의 발열량이 작기 때문이다. 그러나 앞으로는 발전 방식의 개량으로 효율 개선이 시도될 것으로 보아 석탄 화력의 발전효율에 근접할 것으로 기대된다.

Chapter 05

수소 에너지

5·1 지금 왜 수소가 필요한가

(1) 지구 온난화와 수소 에너지

우리 인류가 소비하는 에너지의 양은 방대하다. 인류의 활동이 지구의 크기에 비하여 작았을 때는 지구 전체의 환경에 영향을 주는 일은 없었다. 그러나 그림 5-1에서처럼 인류가 사용하는 에너지의 양은 산업혁명 이후 급격히 증가하기 시작하여 마침내 그 영향은 지구 전체에 미치게 되었다. 그 한 가지 사례가 지구 온난화이다.

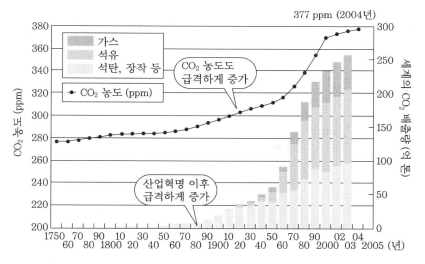

그림 5-1 **인류의 에너지 소비량 및 대기 중의 이산화탄소 농도의 경년 변화**

인류는 방대한 에너지를 화석연료인 석유로부터 얻고 있다. 석유는 주로 탄소와 수소로 구성된 화합물이다. 그것을 산소와 반응시켜서 (이것이 연소) 이때 방출되는 에너지를 이용하고 있다. 수소와 탄소는 산소와 반응하여 각각 물과 이산화탄소가 된다. 물은 원래 지상에 풍부하게 존재하여 별로 문제가 되지 않지만 이산화탄소는 그렇지 못하다. 이산화탄소는 산업혁명 이전에는 대기 중에 대략 280 ppm 정도 존재하고 있었지만, 산업혁명 이후 서서히 증가하여 현재는 370 ppm 으로 늘어났다.

이 이산화탄소는 온실 효과 가스라고 하는 가스의 1종이다. 온실 효과 가스는 열이 지구에서 우주로 나가는 것을 방해하는 작용을 한다. 지구의 기온을 상승시키는 온실 효과 가스가 더욱 증가하면 지표의 온도가 지금보다도 상승할 것은 자명하다. 즉 이것이 지구 온난화의 주된 요인이라 할 수 있다.

지구 온난화를 방지하기 위해서는 온실 효과 가스의 일종인 이산화탄소를 방출하지 않게 하는 것이 중요하다. 그러기 위해서는 에너지 사용량을 줄여 화석연료를 더욱 유효하게 이용해야 한다. 지금 이상으로 이산화탄소 배출을 줄이기 위해서는 에너지 이용효율을 더욱 향상시키는 것이 중요하다. 수소 에너지는 청정하고 높은 에너지 효율을 얻을 수 있기 때문에 지구 온난화 대책으로 기대되고 있다.

(2) 에너지 자원의 고갈

세계 인구는 2100년에는 70~120억에 이를 것으로 전망된다. 이 동안에 생활 수준도 향상될 것이기 때문에 세계 에너지 소비량은 2007년 기준 연간 약 100억 톤 (석유 환산)에서 2100년에는 연간 200~570억 톤 (석유 환산)으로 늘어날 것이라는 예측도 있다.

석유는 현재 세계 에너지 공급의 약 40 %를 차지하는 중요한 에너지원이지만 공급에 한계가 있는 자원이다. 석유가 지구상에 어느 정도 존재하는가 (궁극 매장량)에 대해서 아직 정설은 없다. 경제적으로 생산할 수 있는 석유의 양을 궁극 가채 매장량이라고 한다. 이 궁극 가채 매장량에 대하여는 여러 견해가 있지만 최근의 추정으로는 2조 2730억 배럴 정도라고 한다.

개개의 유전은 발견 → 원유 채굴 → 고갈의 과정을 거친다. 수요가 늘어나면 단기간에 많은 양의 원유를 채굴하게 되고, 그것은 필연적으로 유전의 수명을 단축시키기 마련이다. 세계적으로 새로운 유전이 발견되고 있지만 수요를 뒤따르지 못하여 금세기(今世紀) 중반에는 석유 생산이 피크를 맞이할 것이라는 전망도 있다. 미국 정부의 가장 낙관적인 전망으로는 2035년경에 생산 피크를 맞이할 것이라고 한다.

석유에 관해는 이와 같은 과제와 함께 단기적으로는 지정학적인 관점도 무시할 수 없다. 현재의 석유 생산은 정치적으로 불안정한 장소에 부존하고 있는 경우가 많기 때문이다. 이와 같은 단·중기 과제가 에너지에 관한 안전보장 문제로 귀결된다.

화석연료 자원에 대해서는 이제 안이한 낙관론은 허용되지 않는 상황에 도달했다. 화석연료 자원 생산의 피크 아웃은 별로 멀지 않은 장래에 일어날 것이라는 것에 유념하여, 탈탄소 에너지 시스템 구축을 위한 노력을 강화하는 것이 중요하다. 이러한 상황에서 수소 에너지에 거는 기대가 더욱 크다.

5·2 수소의 물성

(1) 수소는 어디에, 얼마나 존재하는가

수소는 우주에 많이 존재하지만 지구의 대기에는 수소 분자가 거의 포함되어 있지 않다. 대기 중에 단체(單體)로 존재하고 있는 수소 분자는 겨우 0.5체적 ppm 정도에 불과하다. 수소 분자는 분자량이 2이고, 매우 작기 때문에 다른 무거운 기체보다 훨씬 빠른 속도로 운동하고 있다. 지구 인력으로부터 탈출 속도는 11.2 km/s이지만 대기의 상층부에 있는 수소는 11.2 km/s를 넘는 일이 있어 우주공간으로 탈출하는 것으로 생각된다. 또 대기 중에는 산소 가스가 많이 존재한다. 수소는 산소와 결합하여 물이 되려는 성질이 강하기 때문에 대기 중에서는 안정하게 존재하기가 곤란하다.

한편, 지구에는 물의 행성이라고 불리우는 것처럼 다량의 물이 존재한다. 특히 지구의 70 %를 덮고 있는 막대한 양의 해수 (바닷물)가 있으며 거의 무한하다고 할 수 있다. 이 물을 이용하여 천연에 존재하지 않는 수소를 만드는 것이 수소 에너지의 이상이다.

지구상에서 물은 해양·하천·호수의 물·대기 중에 수증기로 형태를 바꾸면서 순환하고 있다. 대기 중의 물이 순환하는 데 걸리는 일수는 대략 10일이라고 한다. 지각을 구성하는 암석 중에 수소는 대단히 적어 질량비로 0.15 %, 원자 수 비율로는 3.1 %를 차지하는 데 불과하지만 비금속 원소에서는 산소·규소에 이어 세 번째이고, 원소 전체에서는 10번째가 된다. 또 석유나 천연가스인 유기화합물은 수소를 많이 포함하고 있다. 현재 수소는 연간 5000억 Nm^3 이상 제조되고 있지만 그 중의 대략 97 %는 화석연료의 개질, 즉 화석연료로부터 만들어지고 있다.

앞으로 수소를 대량으로 사용하기 위해 석유를 사용해서는 안 될 것이다. 수소를 제외한 유기화합물은 탄소가 되어 조만간 대기 중에 이산화탄소로 배출되기 마련이다. 따라서 이산화탄소를 배출하지 않고 수소를 만들기 위해서는 재생 가능한 에너지를 이용하여 풍부한 물로 수소를 만들어야 한다.

(2) 수소의 물성 (I) ─ 동위체

수소의 원자번호는 1이다. 즉 원자핵에 양성자 1개가 있고 그 주위에 전자가 1개 있다. 보통 수소는 원자핵에 중성자를 포함하지 않고 질량수 1이며 이를 경수소라고도 한다. 중성자는 전하를 갖지 않지만 양성자와 거의 같은 질량을 갖는다. 수소는 원자핵에 중성자를 2개까지 포함하는 것이 있다. 원자핵에 중성자 1개를 가지는 질량수 2의 것을 중수소, 중성자를 2개 갖는 질량수 3의 것을 삼중수소 (三重水素)라 하고, 각각 D 및 T로 표시하기도 한다. 천연에 존재하는 수소의 99.985 %는 경수소이고, 중수소는 0.015 %, 삼중수소는 경우 10^{-16} %에 불과하다.

삼중수소는 트리튬 (tritium)이라고도 하여, 반감기가 약 12년인 방사원소이다. 이것은 주로 공기 중의 질소·산소와 우주선 (宇宙船)이 핵반응하여 생성된다고 한다. 그리고 중수소와 삼중수소의 핵반응은 꿈의 에너지인 핵융합로에 사용된다.

원래 수소는 원자핵에 양성자를 1개밖에 갖지 않으므로 경수소의 질량수는 1이지만 원자핵에 중성자를 포함함으로써 생기는 질량수의 변화는 크며, 그 성질에 대한 영향은 다른 원소보다도 훨씬 커진다. 예를 들면, 수소원자 2개가 결합한 수소 분자로 되면 경수소끼리 결합한 H_2와 삼중수소끼리 결합한 T_2에서는 분자량이 3배나 다르다. 때문에 T_2쪽이 끓는점과 녹는점 또는 융해열이 커진다.

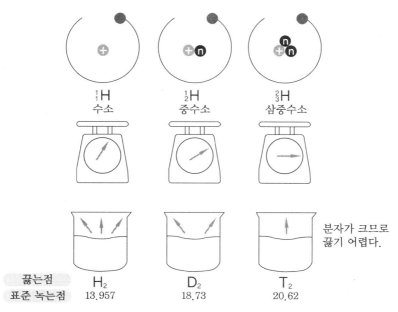

| 끓는점 표준 녹는점 | H_2 13.957 | D_2 18.73 | T_2 20.62 |

분자가 크므로 끓기 어렵다.

동위체 : 같은 원자번호를 갖는, 즉 원자핵의 양성자 수가 같은 원소일지라도 원자핵의 중성자 수가 다른 원소를 이른다. 원자핵 속의 양성자와 중성자 수가 질량수가 되므로 동위체는 원자번호가 같을지라도 질량수가 다르다.

그림 5-2 **수소의 물성 (동위체)**

또 경수소 H와 산소 O가 결합한 물 H_2O (분자량 : 18)를 경수, 중수 D와 산소 O가 결합한 물 D_2O (분자량 : 20)를 중수라고 한다. 경수와 중수의 성질은 흡사하지만 중수쪽이 녹는점이나 끓는점이 조금 높다. 천연의 물은 대부분 경수이고, 중수는 해수 중에 160 ppm, 담수 중에 130~150 ppm 정도 포함되어 있다. 동물 실험의 결과에 의하면 체내 수분의 30 %가 중수로 바뀌면 죽음에 이르게 된다고 한다. 경수가 중수로 변함으로써 체내에서의 화학 반응에 미묘한 변화가 생기기 때문인 것으로 생각된다.

(3) 수소의 물성(Ⅱ)─오르토 수소와 파라 수소

수소원자는 2개가 결합하여 수소 분자를 만든다. 즉 수소 분자는 2개의 양성자를 갖는다.

양성자와 전자 등의 입자 상태의 차이를 나타내는 지표의 하나에 스핀(spin)이라는 이론이 있다. 이것은 양성자와 전자가 작은 자석으로서의 구실을 하는 데서 발견되었다. 양성자는 마이너스 2분의 1이거나 플러스 2분의 1 중의 어느 한 스핀을 취할 수 있다. 수소 분자는 2개의 양성자를 갖기 때문에 스핀이 나란히 된 상태와, 나란히 되지 않은 두 상태를 가지게 된다. 스핀이 나란히 된 두 양성자의 수소 분자를 오르토 수소(orthohydrogen), 나란히 되지 않은 수소 분자를 파라 수소(parahydrogen)라고 한다. 이처럼 오르토 수소와 파라 수소의 차이는 수소 분자에 포함되는 두 양성자의 스핀 상태가 다르기 때문에 생긴다.

파라 수소는 오르토 수소보다 에너지가 낮으므로 저온에서는 파라 수소가 존재하는 비율이 증가한다. 고온에서는 오르토 수소와 파라 수소가 존재하는 비율은 3 대 1이 되는 것으로 알려져 있다. 이 3 대 1 비율의 수소를 노멀 수소(normalhydrogen)라고 한다.

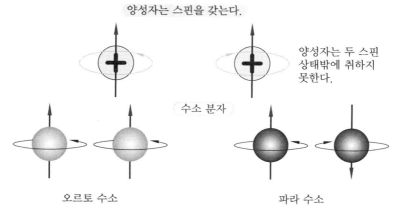

그림 5-3 **수소의 물성(Ⅱ) — 오르토 수소와 파라 수소**

수소를 액화할 때는 파라 수소와 오르토 수소 간의 변환이 문제가 된다. 수소 분자는 액체 수소 온도에서는 90 %가 파라 수소로 존재하는 것이 안정하다. 그러나 오르토 · 파라 수소의 변환 속도가 매우 느리기 때문에 보통으로 냉각하면 파라 수소가 33 %인 노멀 수소 상태인 채 액화된다. 그리고 액체 수소 상태에서 서서히 발열하면서 파라 수소로 변화한다.

오르토 수소에서 파라 수소로 변환하면서 수소 분자 1몰당 1.406 kJ의 발열이 일어난다. 한편, 노멀 수소는 1몰당 0.04 kJ로 증발한다. 즉 애써 액화하였는데 오르토 수소에서 파라 수소로 변화하는데 따른 발열 때문에 다시 발열하여 기체로 되돌아간다. 이것을 방지하기 위해 액화 수소는 저장 전에 산화철이나 산화크롬 등의 촉매를 사용하여 오르토 수소를 파라 수소로 변환해 둘 필요가 있다.

(4) 수소의 물성(Ⅲ) — 크기와 분자량이 작다

수소원자가 2개 결합한 수소 분자의 양성자 수와 전자 수는 헬륨원자와 같아진다. 천연에서 99.985 %를 차지하는 경수소는 중성자를 가지지 않기 때문에 수소 분자의 분자량은 대략 2가 된다. 이에 비하여 헬륨은 원자핵에 2개의 양성자와 2개의 중성자를 갖기 때문에 원자량은 대략 4가 된다. 즉 수소 분자는 분자이면서 그 분자량은 헬륨의 원자량의 2분의 1이 되어, 모든 물질 중에서 가장 작다. 이것이 수소 분자의 물성값에 크게 영향을 미친다. 분자량이 최소이므로 기체, 액체, 고체의 각 상태에서 수소 분자의 밀도는 모든 물질 중에서 가장 작다.

또 수소 분자의 1몰당 열 용량은 다른 두 원자 2분의 1 분자와 큰 차이가 없지만, 비열은 분자량이 작기 때문에 커져 질소 분자와 산소 분자의 14배가 된다. 또 열전도도(熱傳導度)도 질소 분자와 산소 분자의 7배이므로 이와 같은 성질을 이용하여 발전기 등의 냉각제로도 이용되고 있다.

수소원자는 작기 때문에 입체 장해를 받는 일 없이 분자와 고체의 결정 속에 쉽게 들어갈 수 있다. 그리고 보통 수소는 원자핵에 중성자를 가지지 않기 때문에 질량이 작아 고체의 결정 속을 쉽게 이동할 수 있다. 예컨대 금속 바나듐 속의 수소와 탄소의 확산계수를 200℃에서 비교하면 수소는 대략 $10^{-8}\,m^2/s$, 탄소는 대략 $10^{-19}\,m^2/s$로 큰 차이가 있다. 철 속의 수소 확산은 실온에서 가장 빠르며 그 확산계수는 $10^{-8}\,m^2/s$나 되는 것으로 알려져 있다.

밀도가 작다는 것은 질량당 체적이 크다는 것을 의미한다. 수소는 가장 가벼운 원소이다. 수소 에너지로 이용하는 경우에는 산소와 반응하여 물이 생성되는 반응을 이용한다. 단위 질량당으로 볼 때, 수소는 천연가스의 2배 이상의 에너지를 가지지만 체적당으로는 훨씬 작아진다. 그러므로 이 체적당의 저장량을 증가시키는 것이 중요하다.

(5) 수소의 물성(IV) — 확산

굴뚝의 연기는 하늘 높이 올라가서 이윽고 보이지 않게 된다. 연기는 미세한 물방울과 고체입자로 이루어지지만 이것이 흐르고 또 확산하여 농도가 엷어지므로 눈에는 보이지 않게 된다. 농도가 높은 데서 낮은 데로 물질이 이동하여 농도차가 없어지는 것을 확산 (diffusion) 이라고 한다. 굴뚝 연기의 확산은 기류를 타고 일어나기 때문에 이것을 특히 난류 확산 (turbulent flow diffusion)이라고 한다.

　기체 분자를 미크로의 눈으로 보면 하나하나의 분자는 그 온도에 맞는 속도로 날아다니고 분자끼리 충돌하여 방향을 바꾸거나 물체에 압력을 가하거나 한다. 예를 들면 20℃ (293 K)인 질소의 평균 속도는 매초 511 m이다. 빠르기 때문에 곧 충돌하여 지금 눈 앞에 있던 분자가 1초 후에는 511 m의 저쪽에 있다고까지는 할 수 없지만 이 분자 운동에 의해서도 확산이 일어난다. 이것을 분자 확산이라고 한다.

　이 모습을 그림 5-4에 모식도로 게시했다. ×표와 ●표는 종류가 다른 기체 분자를 나타내고 있다. 처음에는 점선으로 표시된 경계에 의해서 격리되어 있지만 경계를 제거하면 농도차가 없어지듯이 분자가 확산된다.

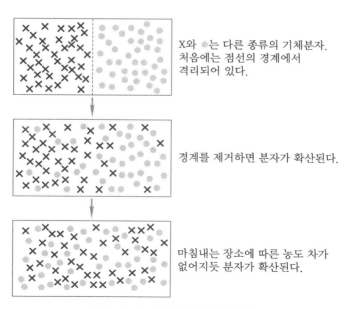

그림 5-4 **분자 확산의 모식도**

분자 확산의 실험 데이터는 상호 확산계수라는 형식으로 정리된다. ×표 분자가 좌에서 우로 확산할 때 ●표의 분자는 우에서 좌로 확산하기 때문에 '상호 (相互)'라고 한다. 수소의 확산은 다른 기체보다 수 배 빠르다. 수소는 가벼울 뿐만 아니라 확산 속도가 빠르기 때문에 만약 누출되더라도 어디에 고이거나 하지는 않는다. 또 온도와 함께 확산이 빨라지는데, 그것은 고온쪽이 평균 속도가 크기 때문이다.

$$\text{수소의 확산 } J = -D\frac{dc}{dx}$$

J는 단위 시간당 단위 단면적을 수직으로 통과하여 확산하는 양.

확산계수 D와 농도 구배 $\frac{dc}{dx}$에 비례한다.

안전을 확실하게 보장할 목적으로, 실내에 수소가 누출되었을 때 수소가 어떻게 확산되는가를 센서로 실측하면서 컴퓨터의 계산 결과와 대비시키는 연구가 진행되고 있다. 이때 분자 확산의 데이터가 활용된다.

5·3 수소를 얻는 방법

(1) 화석연료로부터 수증기 개질로

천연가스, LPG (액화 천연가스), 나프타, 등유 등의 화석연료에 수증기를 반응시켜 수소를 제조하는 기술을 '수증기 개질 (改質)'이라고 한다. 이 기술은 가장 일반적으로 공업화된 수소 제조법이며 대부분의 수소는 이 방법으로 제조되고 있다.

수증기 개질에서는 예컨대 천연가스의 주성분인 메탄과 수증기를 700~850℃, 3~25기압에서 반응시켜서 수소와 일산화탄소를 발생시

킨다(식 ①). 이 반응이 수증기 개질 반응이다. 생성된 일산화탄소는
다시 수증기와 시프트 반응을 일으켜서 수소를 발생하고(식 ②), 결
과적으로 일산화탄소는 경감되어 목적하는 수소의 농도가 높아진다.
반응 전체는 식 ③으로 표시된다.

$$CH_4 + H_2O \longrightarrow 3H_2 + CO$$ ·· ①

$$CO + H_2O \longrightarrow H_2 + CO_2$$ ·· ②

$$CH_4 + 2H_2O \longrightarrow 4H_2 + CO_2$$ ······································· ③

식 ①의 반응은 흡열 반응이므로 반응을 계속 진행시키기 위해서는
외부로부터 가열할 필요가 있다. 이 열공급이 수증기 개질 반응 효율
에 큰 영향을 미친다.

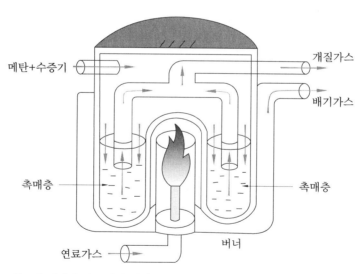

원료인 메탄과 수증기가 개질 장치로 들어가 촉매층으로 유도된다. 촉
매층은 중앙 버너로 가열된다. 메탄과 수증기는 촉매에 의해 반응하여
수소를 주성분으로 하는 개질가스가 되어 장치 밖으로 배출된다.

그림 5-5 **메탈 개질 장치 모식도**

수증기 개질에 의한 수소 생산은 여러 가지 규모로 공업적으로 실시되고 있다. 대규모 공업 생산 예로는 석유 정유공장에서 1일 100만 m³를 넘는 대규모 수소 생산이 진행되고 있다. 이 수소는 주로 경유 등의 연료기름 속의 황분을 제거하는 데 사용되고 있다.

또 반도체 정제 등 여러 가지 목적용 1일 100 m³ 규모의 장치도 많이 사용되고 있다. 수증기 개질효율은 기술이 발전함에 따라 70 %대까지 향상되었으며, 앞으로 기술 과제는 가일층의 고효율화와 값비싼 귀금속 촉매의 삭감 등을 들 수 있다. 또 수증기 개질에 의한 수소 제조에서는 온실 효과 가스인 이산화탄소도 생산된다. 앞으로는 이 이산화탄소를 분리·회수하여 격리하는 기술의 발전이 기대된다.

(2) 화석연료로부터 부분 산화로

화석연료로부터 산소 또는 공기를 사용하여 불완전 연소시키는 부분 산화 반응(partial oxidation reaction)을 이용하여 수소를 제조할 수 있다. 공업적으로 실시되고 있는 천연가스의 부분 산화 반응은, 완전 산화 반응의 화학량보다 적은 양의 산소(또는 공기)를 메탄과 혼합하여 800℃ 이상의 조건에서(실제 공업 프로세스에서는 1300℃ 이상) 촉매 없이 진행시킨다. 반응은 식 ①로 표시되며 실제 반응은 복잡하다. 처음에 원료 메탄 일부가 완전 산화되는 식 ②의 반응이 일어나고 이어서 생성된 물과 탄산가스가 나머지 메탄과 수증기 개질 반응(식 ③) 및 탄산가스 개질 반응(식 ④)을 일으키는 구조로 진행한다고 설명하고 있다.

$$CH_4 + \frac{1}{2}O_2 \longrightarrow CO + 2H_2 \quad \cdots\cdots ①$$
$$CH_4 + 2O_2 \longrightarrow CO_2 + 2H_2O \quad \cdots\cdots ②$$
$$CH_4 + H_2O \longrightarrow CO + 3H_2 \quad \cdots\cdots ③$$
$$CH_4 + CO_2 \longrightarrow 2CO + 2H_2 \quad \cdots\cdots ④$$

$$CO + H_2O \rightarrow H_2 + CO_2 \quad \text{⑤}$$

반응 ②는 큰 발열 반응이고, 흡열 반응인 개질 반응 ③, ④에 필요한 반응열은 여기서 공급된다. 흡열 반응 ③, ④를 수소 생성측에 보내기 위한 고온이 필요하다.

수소 제조를 목적으로 하는 경우는 생성된 합성가스 (CO와 H_2의 혼합가스) 중의 CO를 다시 시프트 반응 ⑤에 의해서 수소와 탄산가스로 변환하여 수소 농축한다. 부분 산화법은 기동시간이 짧은 장점이 있지만, 모든 반응을 단일 반응영역에서 진행시키기 때문에 연료전지용 원사이트 플랜트 등 소규모 장치로는 온도 제어와 탄소석출 제어가 어렵다고 한다. 또 공기를 사용하는 경우에는 생성가스에 질소가 포함되기 때문에 고순도의 수소가 필요할 때는 질소를 분리할 필요가 있다.

셀 (Shell)과 텍사코 (Texaco)가 개발한 부분 산화 프로세스는 대규모 플랜트로 조업되고 있다.

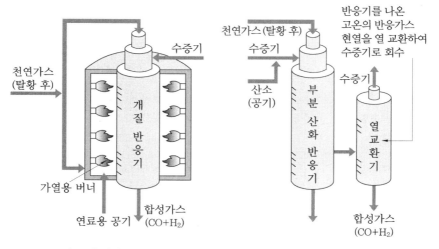

(a) 수증기 개질 프로세스   (b) 부분 산화 프로세스

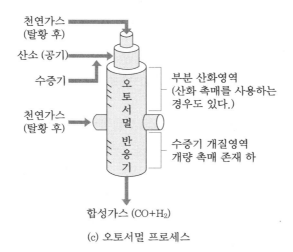

(c) 오토서멀 프로세스

그림 5-6 **수증기 개질 프로세스, 부분 산화 프로세스, 오토서멀 프로세스**

(3) 화석연료로부터 오토서멀

한 반응기 속에 2개의 반응영역을 분리 · 병존시켜 화석연료의 부분 산화 반응에 의한 발열과 그 열을 이용하는 수증기 개질 반응 (흡열 반응)을 동시에 진행시켜 수소를 제조하는 반응기를 오토서멀 리포머 (auto thermal refomer : ATR)라고 한다. 종래의 외열식 개질기에 비하여 개질에 필요한 반응열을 개질기 내부의 부분 산화 반응으로 직접 공급할 수 있으므로 내열식 개질기라고도 한다. ATR는 기동 시간이 짧고 또 염가로 콤팩트한 구성이 가능하다는 등 우수한 특징이 있다.

공기를 사용하는 ATR에서는 원료가스 도입쪽에 산화 반응에 필요한 분량의 공기를 도입하기 때문에 그만큼 수소 농도가 엷어진다. 외열식 개질기의 수소 농도는 75 % 정도지만 ATR에서는 53 % 정도가 된다.

그림 5-7은 새로 개발된 ATR 개질기이다. 개질기는 내부통, 외부통 및 중심관으로 된 3중관 구조로 되어 있다. 내부통에는 부분 산화 촉매,

개질 촉매, 고온 시프트 촉매, 저온 시프트 촉매가 층상으로 충전되어
있고, 외부통에는 예비 개질 촉매가 충전되어 있다. 신규 ATR의 특징은
내부통 안에서 부분 산화 반응, 수증기 개질 반응, 시프트 반응을 순차
적으로 일으키면서 부분 산화 반응으로 발생하는 열의 잉여분과 시프
트 반응으로 발생하는 열을 내부통 벽을 통해 외부통에 전달하여, 예
비 개질 반응의 반응열로 이용함으로써 하나의 리액터 속에서 열을
밸런스시키는 점이다.

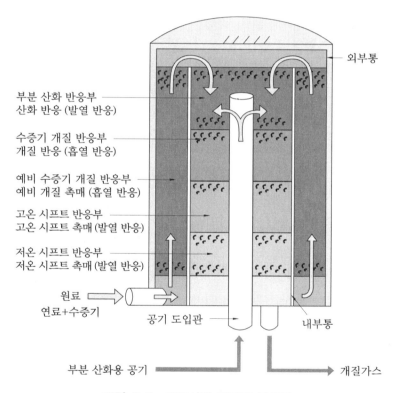

그림 5-7 **오토서멀 리포머 구조도**

종래의 ATR에서는 수성가스 시프트 반응기가 개질기와 일체화되
어 있지 않아서 시프트 반응에 의한 발생열을 별도로 냉각 제거하여

야 하는 등 열관리상 효율의 저하 원인이 되어 있었다. 신규 ATR는 일련의 반응을 외부 가열이나 냉각을 하지 않고 하나의 개질기 내부에서 하고 있다는 것에 특징이 있고, 이것 때문에 열효율에서도 우수하다. 종래의 ATR는 효율이 70 % 정도였지만 신규 ATR는 85 %의 효율이 기대된다.

(4) 석탄가스 ― 이산화탄소의 처리법

석탄은 2억 8000만에서 4000만 년 이전의 수목이 땅속에 파묻혀 오랜 기간 압력과 열의 영향을 받아 생성된 것이다. 수목의 구성 요소였던 탄소, 수소, 산소가 주된 원소로 구성되었으며 고온으로 가스화하여 수소를 만들 수 있다. 석탄은 전 세계적으로 164년간 사용할 수 있는 양이 매장되어 있으며 또 석유와 달리 세계에 널리 존재하고, 석유보다도 가격이 안정되어 있어 앞으로도 이용이 이어질 전망이다.

석탄을 가루로 하여 400℃ 이상의 고온으로 하면 분해되어 수소, 일산화탄소, 이산화탄소와 메탄 등의 가스가 발생하고 최종적으로는 주로 탄소로 된 물질이 남는다. 이 잔존 물질에 다시 산소를 가하여 부분 산화시키면 일산화탄소와 수소가 생긴다. 이때 대량의 열이 발생하므로 석탄을 고온으로 할 수가 있다. 석탄 가스화란 말은 양쪽 반응을 합쳐서 석탄에 산소 등의 산화제와 물을 가하여 일산화탄소와 수소 등의 가스를 얻는 것을 말한다. 또 생성된 가스에 고온에서 물을 가하면 일산화탄소는 이산화탄소와 수소로 변한다 (시프트 반응이라고 한다).

석탄을 이용하여 수소를 제조하면 이산화탄소가 발생한다. 수소는 지구에 친화적인 연료로 기대되고 있지만, 이 수소를 만드는 데 이산화탄소를 배출한다면 지구에 친화적이라고는 할 수 없게 된다. 그래서 석탄을 가스화할 때 발생한 이산화탄소를 모아 땅속에 저장하여 대기에 나오지 않게 하는 기술이 개발되고 있다.

현재 수소는 석탄보다도 천연가스나 석유로부터 많이 만들어지고 있다. 석탄은 주로 화력발전소에서 연소시켜 전기를 만들거나 제련소 등에서 사용되는 코크스를 제조하는 데 사용되고 있다.

석유와 천연가스 자원에는 한계가 있고 또 갈수록 값이 오르고 있어 앞으로 자원이 풍부한 석탄으로 수소를 제조하는 시대가 올지도 모른다.

(5) 고효율 수소 제조의 멤브렌 리액터

멤브렌 리액터 (membranc reactor : 막 반응기기)는 메탄의 수증기 개질 반응과 같은 화학 반응과, 반응으로 생성되는 혼합가스에서 수소만을 선택적으로 투과·분리시키는 막을 한 반응기 안에 결합한 반응기를 이르며, 반응과 분리·정제를 모두 동시에 할 수 있다.

앞의 화석연료 개질에서도 설명한 것처럼 메탄 (CH_4)과 수증기 (H_2O)를 섞어서 촉매를 충전한 용기에 흘려 넣고 온도를 높이면, 분자를 다시 짜는 반응이 일어나서 800℃ 정도가 되면 메탄은 없어지고 수소 (H_2)와 일산화탄소 (CO), 이산화탄소 (CO_2), 수증기 (H_2O)의 혼합가스가 된다. 단지 순도가 높은 수소를 얻으려면 이후에 CO 성분을 적게 하는 시프트 반응 공정과 수소 정제 공정이 필요하다. 그래서 분자를 다시 짜는 반응이 일어나고 있을 때 용기벽 일부에 수소만이 통과하기 쉬운 부분을 만들어 생성된 수소를 분리·배출하면 부족한 수소를 보급하려고 반응이 계속 진행된다. 이렇게 하면 반응기를 500℃ 정도에서 너무 고온으로 하지 않아도 한 단계 공정만으로 순도가 높은 수소를 얻을 수 있다. 보통 메탄 수증기 개질에 의한 수소 제조효율이 현재는 75 % 정도인데 비하여 멤브렌 리액터의 경우는 앞으로 80~85 % (어느 경우나 고위 발열량 기준)가 기대되고 있다.

수소를 선택적으로 투과시키는 한 가지 재료는 팔라듐 (Pd) 합금과

바나듐(V)의 박막이다. 또 하나는 분자 사이즈인 나노미터 (10^{-9} m)급의
가느다란 구멍이 뚫려 있는 세라믹 다공질체 박막이다. 두 박막 모두
용기 밖의 수소 압력을 용기 안 수소의 압력보다 낮게 하면 압력이
낮은 쪽으로 수소가 빠져나간다.

실제 멤브렌 리액터에서는 강도를 가지게 하기 위해 수소 투과 박
막을 금속 다공체 등의 지지체 위에 설치하고 있다. 얇은 투과막에
크랙이나 핀홀이 생기면 선택성이 떨어지므로 사용 중에 그러한 사고
들이 발생하지 않도록 제작하는 것이 과제이다.

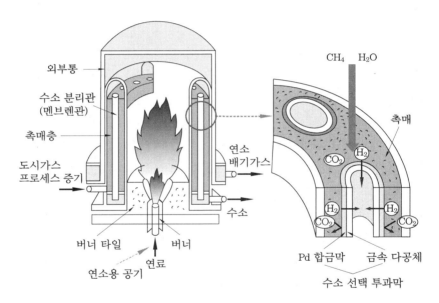

그림 5-8 **멤브렌 리액터형 개질기 구조 개요도**

(6) 부생(副生) 수소와 정유소 수소

이제까지는 화석연료로부터 수소를 제조하는 방법을 소개하였다.
장차 수소 사회로 나간다면 이러한 방법이 크게 활용될 것이다. 한편,
새로 장치를 만들려면 많은 설비 투자를 하여야 하는 것이 걱정이다.

하지만 크게 염려하지 않아도 될 것 같다. 사실은 지금도 수소는 다량으로 제조되고 있다. 이것을 잘 활용하면 상당한 양의 수소를 공급할 수 있고 또 기존의 장치를 활용하므로 가격도 싸져서 대단히 유리하다.

현재 수소를 다량으로 제조하고 있는 대표적인 공장은 정유소이지만 수소를 제품으로 출하하지는 않고 있다. 사실 정유소에서 생산하는 수소는 환경오염의 원인이 되는 황을 제거하여 클린한 가솔린과 경유를 제조하는데 대량으로 쓰이고 있다. 그래서 정유소는 대형 수소 제조장치를 가지고 있다.

정유소에서는 주로 2종류의 방법으로 수소를 만들고 있다. 그중 하나는 정유소 특유의 방법으로, 가솔린의 옥탄가를 높이는 과정에서 부생한다. 그러나 이것만으로는 필요량이 부족하여 앞에서 기술한 수증기 개질법으로 부족분을 보충하고 있다.

이처럼 정유소에서는 기존의 장치를 활용함으로써 다량의 수소를 공급할 수 있다. 이 밖에 예를 들면 소다공장(식염수의 전기분해로 염소와 수산화나트륨을 제조할 때 고순도의 수소가 부생한다)이나 제철소의 코크스로(爐), 오프가스(석탄을 증소하여 코크스를 제조할 때 발생하는 가스)도 유망한 수소 공급원으로 기대되고 있다.

(7) 수소는 영원히 고갈하지 않는 에너지

수소는 태양, 풍력, 수력 등의 재생 가능 에너지(자연 에너지)에 의한 발전 전력으로 물을 전기분해하여 만들 수 있으므로 화석연료와는 달리 영원히 없어지지 않는 궁극의 에너지라고 볼 수 있다. 재생 가능 에너지는 지역적으로 편재하고 기상 조건에 의해서도 변동한다. 또 에너지 밀도가 낮고 수송과 저장이 어려워 결코 사용이 편리한 에너지라고는 표현할 수 없다. 그러나 수소로 변환한다면 수송과 저장이 쉬워져 연료전지 자동차나 발전용 수소 터빈의 연료로 필요에 따라 대량으로 사용할 수 있는 편리한 에너지이다. 더구나 재생 가능 에너지를 이용하여 물 전해한다면 이산화탄소를 발생하지 않고 수소를 만들 수 있다.

재생 가능 에너지의 양은 방대하다. 태양이 1년간 지구에 보내는 에너지양은 9.5×10^{22} kcal이고, 이는 세계 소비량의 1만배에 해당한다. 세계의 수력 자원도 이용 가능량의 약 20 %만 이용되고 있을 뿐이다. 풍력 자원량도 방대하다. 재생 가능 에너지의 이용은 투자나 경제성을 고려하면 쉬운 일이 아니지만 대규모로 이용한다면 지구환경 대책에 크게 공헌할 수 있다. 재생이 가능한 에너지의 이용 예를 보면, 비록 소규모이기는 하지만 해외에서 태양전지나 풍력 발전 전력으로 물을 전해하는 수소 스테이션이 각지에 만들어져 있다.

앞으로 자동차나 수소 터빈 발전소에 대량의 수소를 공급할 대규모 인프라를 만들 경우 해외에 풍부하게 있는 미이용 수력, 태양, 풍력 발전 등의 전력으로 물을 전기분해하여 수소를 대량으로 제조하여서 액체 수소로 변환한 후 소비지에 수송하는 방법을 모색해 볼 만하다.

1990년대에 유럽과 캐나다의 EQHHPP 및 일본의 WE·NET 등의 수소 프로젝트에서 이를 검토한 바 있다. 실제로 실현하기 위해서는 수소 제조장치, 액체 수소 탱커, 수소 저장 설비 등 대용량의 상업용 설비 개발과 국제 협력이 따라야 할 것이다. 즉 수소 에너지의 이용을 위해서는 각국의 틀을 넘은 국제적 협조가 필요하다.

(8) 물을 이용한 수소 제조

전기를 사용하여 물로 수소를 제거하는 방법을 물 전해라고 한다. 외부에서 빛이나 전기 등의 에너지를 가하지 않는 보통 환경에서 수소는 산소와 결합하여 물이 되려고 한다. 그것이 안전하기 때문이다. 그래서 보통 환경에서는 물이 수소와 산소로 분해되는 일은 없다. 그러나 외부에서 전기 에너지를 가함으로써 물을 분해할 수가 있다. 이

론적으로는 대기환경에서 1.23 V 이상의 전압을 가하면 물이 분해된
다. 그러나 실제로 반응을 빨리 진행시키기 위해서는 여분의 전압(과
전압)을 가해야 한다. 과전압은 사용하는 전극 재료에 따라 다르기 때
문에 물 전해 과전압의 작은 재료 개발이 진행되고 있다.

 물을 전해하여 수소를 얻을 수 있다는 사실은 이미 1800년에 발견
되었다. 물 전해법은 간단한 프로세스로 순도가 높은 수소를 얻을 수
있으므로 수소의 공업적 이용이 늘어남과 더불어 점차 발전되었다.
그러다가 하버·보슈법(Haber-Bosch process)이라고 하는 암모니아
합성이 1913년에 대규모로 시작되고, 값싼 수소가 필요하게 되자 석
탄 가스화법으로 교체되었다. 그러나 근년 화석연료의 고갈로 재생
가능 에너지로 전기 에너지를 만들고 그것을 이용한 물 전해가 관심
을 모으고 있다.

 물 전해는 전극 재료의 안정성 관점 등에서 알칼리형 전해질이 사
용되어 왔다. 근년에는 가일층의 고효율화를 목표로 알칼리 물 전해
의 고온 고압화와 1970년경부터는 고체 고분자형 연료전지와 고체 산
화물형 연료전지를 역작동시키는 형태의 물 전해도 개발되었다.

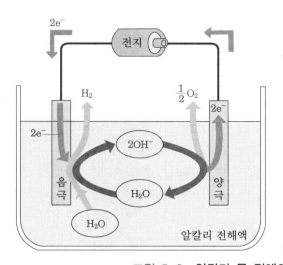

음극에서는 H_2O의 H가 환원
되어 수소 H_2가 발생하고, 양
극에서는 OH^-의 O가 산화되
어 산소 O_2가 발생한다.
전체적으로 H_2O가 분해하여
H_2와 O_2가 생성된다.

음극
$2H_2O+2e^- \longrightarrow H_2+2OH^-$
(물) (전자) (수소) (수산화이온)

양극
$2OH^- \longrightarrow H_2O+\frac{1}{2}O_2+2e^-$
(수산화물이온) (물) (산소) (전자)

$H_2O \longrightarrow H_2+\frac{1}{2}O_2$
(물) (수소) (산소)

그림 5-9 **알칼리 물 전해의 원리**

알칼리 물 전해는 전해질로 수산화칼륨을 사용하는 형태인데, 전력에서 수소로의 전해 효율은 70 % 정도를 얻고 있다. 외국에서는 값싼 전력을 얻을 수 있는 수력 발전소에서 대규모의 상업 플랜트를 가동하는 사례도 있다. 예를 들면 이집트의 아스완에서는 수소 제조 능력이 3만 3000 Nm³/h인 플랜트가 가동되고 있다.

(9) 바이오매스 발효에 의한 수소 발생

막걸리와 맥주, 와인 등 알코올 음료는 발효로 제조되고 있다. 요즘 바이오에탄올 제조 방법이 화제가 되고 있다. 발효는 산소가 없는 조건에서 생물이 글루코스 등 유기물을 분해하여 에너지를 얻는 방법인데, 반드시 유기물을 대사·생산한다. 야채 절임, 요구르트 등은 유산(乳酸)을 생산하는 발효이다. 유산 발효나 에탄올 발효에서는 수소가 발생하지 않지만, 아세트산이나 부티르산을 생산하면 수소가 발생한다. 특히 아세트산만을 대사·생산한다면 글루코스 1몰에서 4몰의 수소가 생산된다. 이 변환율(수율) 4가 발효법으로 생산되는 최대의 수소량이다.

현재 실용화에 가장 가까운 수소 발효균은 글루코스로부터 수율 2.5, 건조 중량으로 1 g의 균이 1시간에 약 1 NL의 속도로 수소를 발생한다. 에탄올 발효처럼 균체를 고정화 등으로 고농도 배양하면 1 m³의 발효 탱크에서 15 Nm³/h의 속도로 생산하는 것도 꿈이 아니다. 또 녹말 1 kg에서는 약 300 NL이 발생하므로 바이오매스에서 발효로 수소를 생산하는 것도 연구되고 있다.

에탄올과 수소는 자동차 연료로도 이용되므로 같은 바이오매스 원료에서 이것들을 생산하였을 때 어느 쪽이 에너지 이용효율이 좋은가를 생각해 보자.

먼저 에너지 회수율은 에탄올 발효에서는 97 %로 고율이지만 수소 발효는 겨우 40 %에 불과하다. 그러나 자동차 연료로 이용하기 위해

서는 에탄올은 증류에, 수소는 압축에 각각 제품의 약 50 %와 10 %의
에너지를 사용해야 한다. 또 내연기관과 연료전지의 에너지 이용효율
을 각각 20 %, 60 %라고 하면 최종적인 이용효율은 에탄올은 10 %,
수소가 22 %가 된다. 연료전지는 에너지 이용효율이 높으므로 앞으로
연료전지가 동력이나 전력의 에너지원이 되었을 때 바이오에탄올 생
산은 바이오수소 생산으로 전환될지 모른다.

(10) 바이오매스 광합성에 의한 수소 발생

식물이 광합성으로 물에서 산소를 생성한다는 것은 초등학교 때 수
초를 사용한 실험으로 확인한 바 있다. 그러나 클로렐라 등의 녹조류
(chlorphyta)나, 태곳적 지구의 해수로부터 산소를 생산한 남조류
(cyanophyta)는 놀랍게도 조건만 갖추어지면 동시에 수소를 발생한다.
근립 (根粒) 세균이 공중의 질소를 고정하여 암모니아를 합성한다
는 것도 아득하게 기억되지만, 이 반응은 질소의 3중 결합→2중 결
합→1중 결합→해리 (dissociation)의 3스텝으로 되어 있다. 질소의
3중 결합 에너지가 크기 때문에 반응에는 대단히 많은 에너지가 필요
하다. 근립 세균은 공성 (共成)으로 숙주 (宿主)로부터 에너지를 받지
만 남조 (藍藻)나 광합성 박테리아는 그 에너지를 빛에서 얻어 암모니
아 합성에 사용한다.
수소는 에너지 공급이 적고 제2스텝의 진행이 늦을 때 제1스텝의 복
귀 반응이 진행되어 생성된다. 이론적으로는 2몰의 암모니아 합성으
로 1몰의 수소가 발생하고 있지만 공기를 아르곤이나 이산화탄소로
바꾸어 놓아 질소가스가 없는 상태로 하면 암모니아 합성을 할 수 없
으므로 수소만 발생한다.
녹조 (綠藻)의 수소 발생은 남조나 광합성 박테리아와는 시스템이
다르다. 녹조는 이산화탄소를 고정하여 탄수화물을 만들지만 이산화
탄소가 없는 상태에서 태양 에너지를 얻으면 전자의 갈 곳이 없어진

환원체가 세포 안에 축적된다.

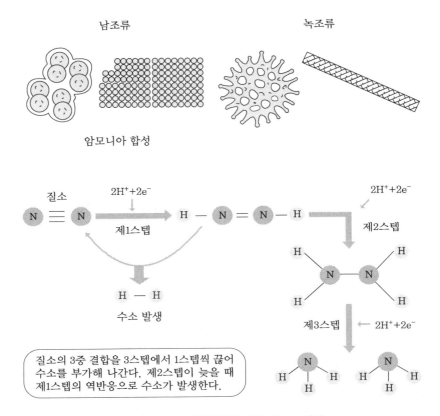

남조류   녹조류

암모니아 합성

질소의 3중 결합을 3스텝에서 1스텝씩 끊어
수소를 부가해 나간다. 제2스텝이 늦을 때
제1스텝의 역반응으로 수소가 발생한다.

그림 5-10   **광합성에 의한 수소 생산**

이러한 때 히드로게나아제(hydrogenase)라는 효소가 전자를 수소
이온에 옮겨 수소를 만들어 축적 상태를 해소한다. 단, 이 효소는 산
소에 의해서 곧 실활(失活)되므로 유전자 조작으로 산소에 강한 히드
로게나아제를 이식하거나 광 에너지를 낭비 없이 이용하기 위해서 클
로로필 농도를 적게 하는 등 개량이 진행되고 있다. 이론적으로는 야
생주(野生株)의 3 % 정도인 태양 에너지 변환효율이 30 % 가까이 개
량된다고 한다.

(11) 바이오매스 열화학적 가스화법

바이오매스는 가열하거나 압력을 가하거나 하면 증발이나 분해 반응이 일어나 기체, 탄화 잔분(殘分), 타르 등 액체로 변화한다. 온도나 압력, 가스화제 등의 조건에 따라 기체, 고체, 액체의 비율뿐 아니라 기체성분의 비율도 매우 달라지므로 상압(常壓) 가스화, 고압 가스화, 저온 가스화, 고온 가스화 등 여러 가지 가스화법이 연구·개발되고 있다. 기체의 성분은 주로 H_2, CO_2, CO, CH_4 등이다. 그래서 이 혼합가스는 가스 엔진 등에 의한 발전이나 촉매를 사용한 메탄올 합성에 이용될 계획이다.

바이오매스로 수소를 생산하려는 생각은 연료전지 자동차를 개발하는 당초부터 수소 공급원의 한 방법으로 여러 자동차 회사들이 고려했었다. 현재 수소 생산에 적합한 한 방법으로, 가스화로서는 비교적 낮은 온도인 550~600℃로 열분해 가스화하고, 가스로 되지 않은 타르나 탄화 잔분 등을 연소한 열로 열분해 가스 중의 CO와 CH_4를 H_2와 CO_2로 수증기 개질하는 열분해 수증기 개질법이 개발되고 있다.

이 방법에서는 수소 농도 55% 이상의 가스가 발생하고 PSA (pressure swing adsorption)법 등으로 CO_2를 제거함으로써 건조 목재 1톤당 530 Nm^3의 99.99% 수소를 생산할 수 있다고 한다. 또 원료의 고위 발열량(HHV)이 생성가스의 연소 열로 얼마 만큼 회수되었는지를 표시하는 냉가스 효율도 70%에 이른다고 한다.

그런데 바이오매스에는 야채나 해초처럼 수분 함률이 80~95%나 되는 것에서부터 건조된 목재처럼 십수 %인 것까지 여러 가지 함수율의 것이 있다. 바이오매스의 연소로 에너지를 얻어낼 수 있는 한계는 수분 함률 60% 전후이다. 고온으로 하기 위해서는 원료의 일부를 연소하여야 하기 때문에 함수율이 높은 바이오매스는 가스화에 적합하지 않다.

(12) 빛과 물로 수소를 제조

물과 빛은 지구상에 가장 흔한 것 중의 하나이다. 이 물과 빛으로
수소를 만드는 방법이 있다. 그 방법의 하나가 광촉매를 이용하는 방
법이다. 물과 접촉시킨 광촉매에 빛을 쬐면 수소와 산소가 생성된다.
이것을 가리켜 전기 에너지 대신에 빛 에너지를 사용하여 물 분해가
일어났다고 한다. 광촉매로는 반도체가 사용되고 있다.

빛은 에너지를 가지고 있으므로 그것을 이용하여 화학 반응을 진행
시킬 수 있다. 예를 들면, 자외선에 닿으면 피부가 햇볕에 타는 것은
자외선이 가지는 에너지로 인하여 피부 세포에서 일어나는 화학 반응
에 신체가 대응했기 때문이다. 이 빛 에너지를 효율적으로 물에 부여
할 수 있다면 물로 수소와 산소를 만들 수 있다. 즉 수소와 산소는 물
에 비하여 받아들인 빛 에너지 분량만큼 높은 에너지를 가지게 된다.

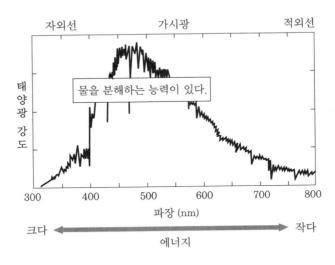

그림 5-11 **태양광의 스펙트럼**

태양광은 크게 적외광, 가시광, 자외광으로 분류할 수 있다. 빛은
파장에 따른 에너지를 갖지만 적외광보다도 가시광이, 가시광보다도

자외광이 큰 에너지를 가진다. 물을 광분해하는 데 필요한 에너지를 가진 빛은 가시광, 자외광에 속하는 빛이다. 광촉매는 가시광에 응답하여 수소를 생성할 필요가 있다. 이것은 태양 에너지의 대략 절반이 가시광이기 때문에 가시광에 의해 물을 분해하는 것이 효율적이기 때문이다. 그러나 광촉매로 잘 알려진 산화티탄은 자외선에만 응답한다. 그래서 현재는 가시광에 효율적으로 응답하는 광촉매 연구가 활발하게 진행되고 있다.

빛을 이용한 물의 분해 반응으로는 이 밖에 혼다 · 후시지마 효과법이란 것이 있다. 이 효과는 산화티탄으로 만들어진 전극에 자외광을 쬐임으로써 물을 수소와 산소로 분해하는 것이다.

빛을 사용한 물 분해에서는 수소를 생성하는 공정에서 환경에 부담을 주지 않아도 된다. 왜냐하면 지구에 항상 내리 쏟아지는 태양광을 이용하여 물을 분해하면 화석연료에 의존하지 않고 수소를 생성할 수 있고, 또 그 부산물로 이산화탄소 등의 온실 효과 가스를 배출하지 않기 때문이다.

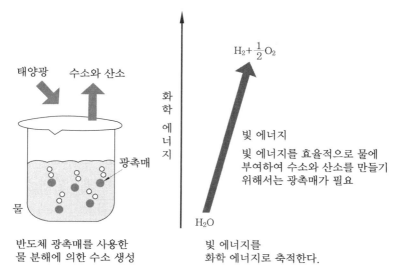

그림 5-12 빛과 물로 수소를 만드는 과정

(13) 원자력을 사용하는 수소 제조

큰 규모로 수소를 제조하는 방법으로는 원자 에너지를 이용하는 방법이 검토되고 있다. 생각할 수 있는 방법은 다음 4가지이다.

① 고온 수증기 전해 (원자로에서 나오는 열과 전기를 병용하여 물을 분해)
② 열화학법 (복수의 화학 반응을 결합하여 물을 분해)
③ 물의 전기분해 (원자력 발전소의 전력을 사용하여 물을 전기분해)
④ 화석연료의 수증기 개질 (화석연료를 개질할 때 필요한 열원을 원자력의 열로 충당하여 화석연료를 절약)

또 ③ 이외의 방법은 원자로에서 공급되는 열 온도가 종래의 원자로보다도 높아야 하고 (예 : 800~900℃) 고온 가스로는 비교적 소형의 신형로가 있어야 한다. 여기서는 새로운 기술 개발이 필요한 ①과 ② 를 중심으로 설명하겠다.

①에서는 물을 전기분해할 때에 필요한 에너지 일부를 원자로에서 나오는 열로 충당함으로써 상온 전기분해에 비하여 전력 코스트의 다운 및 효율 향상을 목표로 한 것이다. 주로 미국, EU, 일본에서 연구가 진행되고 있다. 전해질은 세라믹으로 만들어졌으며 활발하게 연구 개발이 진행되고 있는 고체 산화물형 연료전지의 역반응이라고 생각하면 된다. 기술적인 과제는 고성능 전해질의 개발, 대규모화와 전해셀의 장수명화 등을 들 수 있다.

열을 사용하여 한 종류의 반응으로 물을 분해하기 위해서는 이론적으로는 2500℃ 이상의 고온이 필요한 것으로 알려져 있지만 반응 온도가 낮은 복수의 화학 반응을 결합하여 최종적으로 물을 수소와 산소로 분해할 수 있다. 이 기술을 열화학법이라고 한다. 요오드와 황을 조합한 IS법이라고 하는 기술도 세계적으로 연구되고 있다. 이 방법에서는 물 이외의 물질 (요오드, 황)은 다시 이용되어 시스템 내를 순환한다.

(14) 수소의 정제법—흡착으로 불순물 제거

흡착(adsorption)으로 불순물을 제거하는 것이 수소 정제의 기본이다. 그림 5-13에서처럼 압력이 높을 때 불순물을 흡착제에 흡착시켜서 수소의 순도를 높인 후 감압하여 흡착한 불순물을 시스템 밖으로 밀어낸다. 흡착제는 재생되어 다음 흡착에 사용된다. 압력(pressure)을 높이거나 낮추거나(swing) 하기 때문에 PSA (pressure swing adsorption)법이라고 한다. 상온에서 운전하여 높은 순도를 얻기 위해 이 조작을 반복한다. 매시 1만 m³ 정도 규모의 것이 많고, 수소 순도는 99.99 % 정도이다. 불순물을 시스템 밖으로 밀어내는 조작을 흡착층의 승온으로 하는 경우에는 열적(thermal) 스윙이므로 TSA (thermal swing adsorption)라고 한다.

반도체 공업 등에서 99.9999 % 내지 99.99999 %의 고순도 수소가 필요한 경우, 멤브렌 리액터와 같은 원리로 팔라듐막에 의한 정제가 이루어진다.

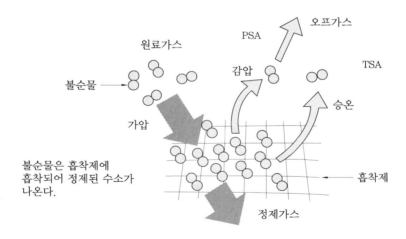

그림 5-13 **수소 정제의 기본 개념**

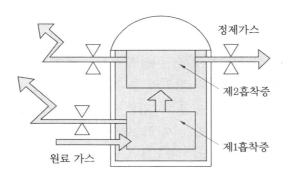

정제가스

제2흡착증

제1흡착증

원료 가스

그림 5-14 **TSA 장치의 개략**

도입 압력이 0.8 MPa일 때 0.1 MPa 정도의 출구 압력밖에 얻지 못하므로 고압이 필요할 때는 그림 5-14에서처럼 TSA가 사용된다. 흡착통 하부의 제1흡착층에 니켈 촉매, 상부측에 몰레큘러시브를 충전하여 산소, 물, 일산화탄소, 이산화탄소 등을 차례차례 흡착·제거한다. 흡착통을 감압하면서 히터로 가열하여 불순물을 오프가스와 함께 배출하면 흡착제가 재생된다. 그리고 메탄과 질소 등도 제거하는 경우에는 저온 흡착층을 부설한다.

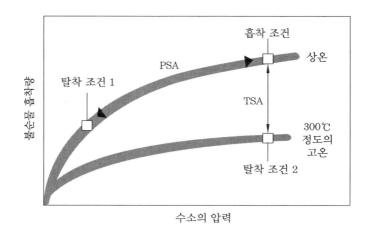

흡착 조건

PSA   상온

탈착 조건 1

불순물 흡착량

TSA

300℃
정도의
고온

탈착 조건 2

수소의 압력

그림 5-15 **흡착 등온선과 정제의 원리**

수소가스 중의 불순물 흡착량이 압력에 대하여 변화하는 모습을 그림 5-15에 보기로 들었다. 이것은 등온선이라고 한다. 상온의 '흡착 조건'의 압력으로 많은 양을 흡착시켜 원료가스를 정제한다. 등온선을 따라 '탈착 조건 1'의 압력까지 감압하면 흡착량이 줄기 때문에 원래 흡착량과의 차이만큼 흡착가스가 이탈한다. 이것을 오프가스로 하여 저압 수소와 함께 배출하게 된다. 압력을 낮추지 않고 온도를 높여 '탈착 조건 2'의 상태로 하여도 흡착량이 줄기 때문에 원래 분량과의 차이와 같은 흡착가스가 이탈하는 것을 알 수 있다.

5·4 수소의 저장과 수송

(1) 고압가스 압축기로 봄베에 저장

수소를 고밀도로 저장하는 방법으로는 압축기로 고압으로 하여 봄베에 저장하는 방법이 가장 일반적이다. 저장한 수소는 압력 제어 밸브를 이용하여 사용하고자 하는 압력까지 낮추어 배출한다. 이 방법은 산소와 질소, 아르곤 등 많은 기체의 저장 방법으로도 사용되고 있다.

상온(15℃) 대기압의 수소는 $1 m^3$당 발열량이 약 10.8 MJ로 도시가스(13 A)에 비하여 4분의 1 정도에 불과하다. 그러므로 연료전지 자동차 연료로 충분한 에너지양을 저장하기 위해서는 초고압으로 하여 밀도를 높일 필요가 있다.

연료전지 자동차의 수소 봄베는 35 MPa(약 1 MPa는 약 10기압)의 고압이 사용되고 있지만, 이것으로도 아직 차량에 적재할 수 있는 수소의 양이 부족하므로 더욱 고압인 70 MPa까지 압력을 높이려는 기술이 개발되었다. 이와 같이 압력을 높임으로써 1회의 수소 충전으로 주행할 수 있는 거리가 500 km를 넘는 연료전지 자동차가 개발되고 있다.

수소를 고압으로 하기 위해서는 압축기를 사용하며 그 운용에는 에너지가 필요하다. 압력이 35 MPa를 넘게 되면 수소는 이상 (理想) 기체가 못되므로 압력을 높여도 저장할 수 있는 양이 점점 적어진다. 70 MPa에서는 이상 기체였던 때의 약 70 %밖에 저장할 수 없게 되고, 저장량이 늘어나지 않는 문제가 생긴다. 앞으로는 압축기의 효율을 높일 기술 개발과 차량 적재 저장 시의 최적한 압력을 검토하게 될 것이다.

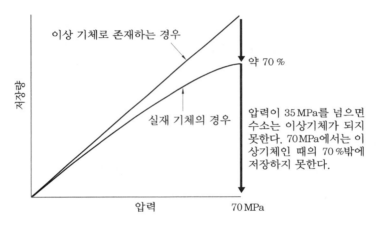

그림 5-16 **같은 용적에 저장할 수 있는 기체의 양**

고압화의 또 하나의 과제는 용기이다. 높은 압력에 견딜 수 있는 튼튼한 용기를 만들려면 용기가 무거워진다. 자동차용 수소 용기는 적재할 수 있는 수준의 콤팩트하고, 경량으로 만들어야 한다. 때문에 가볍고 단단한 용기 개발이 진행되고 있다.

(2) 액화 수소를 만든다

　상온 대기압에서 수소가스를 −253℃까지 냉각하면 수증기를 냉각하였을 때처럼 수소의 물방울이 발생한다. 이것이 액체 수소이다. 실제로 액체 수소를 만들기 위해서는 먼저, 고압으로 압축한 수소가스를 액체질소(대기압에서 −196℃) 등의 저온 물질로 냉각한다. 다음에 그 고압·저온의 수소가스를 팽창 밸브를 통하여 유출시키면 저온 수소가스는 팽창과 함께 더욱 저온으로 되기 때문에 일부는 액체 수소가 되어 용기에 고이게 된다. 액화되지 않은 저온 수소가스는 다시 가압, 냉각시켜 고압·저온 수소가스로 하여 또 다시 팽창 밸브를 통하여 유출시켜 일부 액화 수소를 만든다.

　액체 수소 제조에 많은 에너지가 필요한 이유는 이와 같은 반복을 거듭하여 액체 수소를 제조하기 때문이다.

　액체 수소는 헬륨 다음으로 녹는점이 낮기 때문에 그 녹는점 −253℃에서는 헬륨 이외의 물질은 모두 고체로 된다. 즉 포함되어 있는 불순물이 고체가 되므로 수소가스는 액화하기 전에 정제하여 순도를 높여야 한다.

　일반적으로 100의 수소가스를 사용하여 액체 수소를 65 정도 만들 수 있다. 그 차이 35는 순도를 높이는 에너지와 상온 대기압 하의 수소가스를 −253℃까지 냉각시키는 데 필요한 에너지로 사용된다. 따라서 효율적으로 액화수소를 만들기 위해 전자기 냉동법 등 새 에너지 절약 프로세스가 연구되고 있다.

　액체 수소는 극저온 상태로 보온병에 넣어 두어야 하고, 보온병에 넣어져 있을지라도 보온병으로 진입하는 열을 완전히 차단할 수 없기 때문에 시간이 지나면 증발하여 없어진다. 이것을 보일 오프라고 하고, 보일 오프를 적게 하기 위한 기술 개발이 진행되고 있다.

　그림 5-17은 수소 5 kg을 차량에 적재하기 위해 필요한 저장용기 시스템의 질량과 체적을 비교한 것이다. 체적으로나 질량으로나 액체

수소가 가장 적은 것을 알 수 있다.

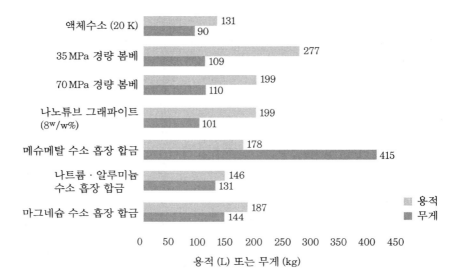

그림 5-17 **5 kg의 수소를 저장하기 위해 필요한 저장 시스템의 무게와 체적 비교**

(3) 수소 흡장 합금 — 액화 수소

스펀지가 물을 흡수하듯이 합금이 수소를 흡수한다는 주장도 있지만 그것은 정확하지 않다. 스펀지가 물을 흡수하여도 물은 물분자 그대로지만 합금이 수소를 흡수할 때 수소는 원자로 분리된다.

정육면체의 정점과 면의 중심에 금속원자가 위치하는 면심 입방격자 금속이 수소를 흡수하는 경우 그림 5-18에 보인 4면체 위치와 8면체 위치에 수소원자가 들어간다. 4면체 위치란, 정점의 금속원자 1개와 면심 위치에 있는 금속원자 3개가 형성하는 정4면체 중심의 빈틈을 이른다. 마찬가지로 6개 원자가 형성하는 정8면체 중심의 빈틈이 8면체 위치이다.

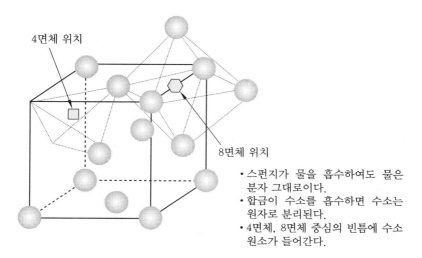

4면체 위치

8면체 위치

- 스펀지가 물을 흡수하여도 물은 분자 그대로이다.
- 합금이 수소를 흡수하면 수소는 원자로 분리된다.
- 4면체, 8면체 중심의 빈틈에 수소 원소가 들어간다.

그림 5-18 **금속 속의 수소원자의 존재 위치**

금속원자 1개당 2개의 4면체 빈틈과 1개의 8면체 빈틈이 있다. 팔라듐(Pd)의 경우, 수소원자는 8면체 위치를 좋아하기 때문에 이상적으로는 PdH라는 조성의 수소화물이 생긴다. 란탄(La)의 경우는 4면체 위치가 안정하기 때문에 처음 LaH_2 조성이 되지만, 계속하여 8면체 위치에도 수소가 들어가 LaH_2가 생성된다.

수소를 합금 속에 저장하려는 아이디어는 1973년의 석유 파동 이후 많이 제안되었다. 수소를 고체화하면 액화 수소보다 작은 부피로 저장할 수 있다.

그림 5-19는 수소의 압력과 절대온도의 역수 간의 관계를 보인 것이다. 그림을 보면 0.1~1 MPa의 압력이 실용에 편리하지만 티탄(Ti), 지르코늄(Zr), 란탄(La) 등의 단체에서는 0.1 MPa인 수소의 방출에 750℃ 이상이 필요하다. 합금으로 하면 그림의 직선이 우측으로 이동하여 수소 흡장·방출 때의 온도가 떨어진다. 그밖에 합금으로 하면 수소의 함유율을 높이거나 흡장·방출 속도를 빠르게 하거나 불순물에 대한 내구성을 높일 수 있다.

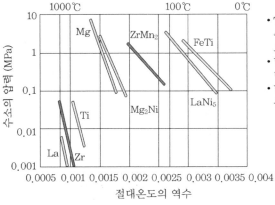

그림 5-19 **수소 평형압의 온도 변화**

연료전지 자동차가 500 km를 달리기 위해서는 5 kg의 수소가 필요하므로 자중 5 %인 수소를 저장할 수 있는 합금을 사용하더라도 100 kg의 합금이 필요하다. 현재 가장 성능이 좋은 티탄·크롬·바나듐 합금으로도 저장 능력은 고작 3 % 정도이므로 앞으로 기대하는 바가 크다.

(4) 화학 플랜트로 수소를 출납

메탄 (CH_4)은 천연가스의 주성분인 탄화수소로 수소를 25 % 포함하고 있지만 단순한 가열로는 수소를 방출하지 않으므로 촉매를 사용하여 고온의 수증기와 반응시켜 수소를 끌어낸다 (물분자 중의 수소도 동시에 끌어낼 수 있다). 메탄에서 수소를 제조한 후 반응을 반대로 진행시켜 메탄을 재생할 수 없기 때문에 메탄을 수소 저장에 사용하지 않는다.

한편, 방향족이라고 하는 탄화수소인 톨루엔 (toluene)을 수소와 반응시키면 수소를 많이 포함하는 다른 유기화합물이 생성되고, 이것을 분해시키면 수소를 방출하여 원래의 톨루엔으로 되돌아간다. 즉 수소 저장 재료가 된다. '하이드라이드'란 수소화합물이라는 의미지만 '유기 하이드라이드'라고 한 경우는 원래의 유기화합물에 수소를 가하여 합성한 것을 뜻하고, 수소를 함유하고 있을지라도 메탄은 유기 하이드라이드라고 하지 않는다. 보통, 유기 하이드라이드는 액체이므로 가스에 비하면 잠재적인 위험이 적을 뿐만 아니라, 석유화학 플랜트의 기술과 시스템을 그대로 사용할 수 있는 장점이 있다.

표 5-1은 현재 제안되어 있는 수소 흡장 재료들이다. 2010년경까지의 목표는 수소 함유율 6 % 정도를 넘는 것이다. 또 용적 1 m^3당의 수소 저장량은 45 kg이 목표로 되고 있지만 메틸시클로헥산으로는 47 kg, 데카린으로는 65 kg 저장이 가능해 유망하다.

표 5-1 대표적인 유기 하이드라이드

수소첨가 전의 화합물	수소첨가 후의 화합물	저장되는 수소의 질량 (%)
안트라센 $C_{14}H_{10}$	페르히드로안트라센 $C_{14}H_{24}$	7.3
나프탈렌 $C_{10}H_8$	데카린 $C_{10}H_{18}$	7.2
포름산메틸 $HCOOCH_3$	메탄올 $2CH_3OH$	6.3
톨루엔 $C_6H_5CH_3$	메틸시클로헥산 $C_6H_{11}CH_3$	6.1
N-에틸카르바솔 $C_{12}H_8NC_2H_5$	9-에틸페르히드로카르바솔 $C_{12}H_{20}NC_2H_5$	5.8

수소는 원자 상태가 되어 탄소원자와 결합하고 있는 것이 본질이다. 수소 흡장 합금 중에서도 수소는 원자 상태이지만 금속은 탄소보다도 무겁기 때문에 불리하다. 화학 흡착하고 있는 수소도 원자 상태지만 흡착재 표면에만 수소가 존재한다. 유기 하이드라이드는 그 전체가 수소 저장 작용을 하고 있다. 물리 흡착도 표면만의 현상일 뿐만 아니라, 수소가 분자 상태이기 때문에 고밀도로 되기 어렵다. 안정성이 높고 탈수소 반응을 온화한 조건에서 시키는 촉매 개발이 긴요하다.

(5) 무기 하이드라이드 — 알라네이트계 저장 재료, 아미드계 저장 재료

나트륨 알라네이트 ($NaAlH_4$), 리튬아미드 ($LiNH_2$) 등으로 대표되는 무기 하이드라이드에서는 수소원자가 AlH_4^-, NH_2^- 등의 음이온을 구성하고 있다. 이전에는 가스상의 수소를 직접 흡수·방출한다고 생각하지 못했지만 $NaAlH_4$에 티탄 촉매를 가하면 수소가 가역적으로 출입한다는 것이 발견되어, 이들 물질을 수소 저장 재료로 간주하게 되었다.

무기 하이드라이드는 수소 함유량이 많은 것이 특징이다. 그러나 일부 수소가 NaH와 LiH 형태로 남기 때문에 모두를 이용할 수 없을 뿐만 아니라 수소 방출온도가 200℃ 이상이라는 문제가 있다.

리튬 (Li), 나트륨 (Na) 등 양이온이 되기 쉬운 금속인 수소화물 결정은 수소의 음이온 H^-가 만드는 격자 틈에 금속 양이온이 들어가 형성된다. 이것은 산소의 음이온 O^{2-}가 만드는 격자에 금속 양이온이 들어가 산화물이 생성되는 것과 같으며, 음이온 쪽이 크기 때문에 일어나는 현상이다.

산화물과 유사한 물질로는 규산칼슘 (Ca_2SiO_4) 등의 산소산염이 있다. O^{2-}가 만드는 격자 틈에 금속 이온이 개재하는 점은 산화물과 같지만 H_4SiO_4 등의 산소산을 만드는 원소 (여기서는 Si)가 산소 주위에 우선적으로 위치하고 있어 2종의 양이온은 평등하지 않다. 무기 하이드라이드도 이것과 비슷하다. 가상적인 수소산 $HAlH_4$, HNH_2 (암모니아) 등을 구성하는 양이온과 또 한 종의 양이온은 결정 속에서 평등하지 않다.

NH_3는 양, BH_3가 음으로 대전해 있는 암모니아 보레인 (ammonia borane) NH_3BH_3은 넓은 의미에서는 무기 하이드라이드지만 사실은 분자로 성립되어 있다.

(6) 탄소 재료 ─ 금속과의 복합으로 새로운 수소 저장 재료로서의 가능성

수소 저장이라는 점에서 흥미를 자아내는 탄소 재료는 활성탄, 그래파이트, 나노튜브 등이지만 공통적으로 표면적이 큰 것이 특징이어서 1 g당 1000 m² 값인 것도 드물지 않다. 입자가 가늘다는 것 외에도 눈에 보이지 않는 구멍이 무수히 뚫려 있기 때문에 표면적이 크다.

액화 질소의 끓는점인 절대온도 77 K까지 탄소 재료를 냉각시킨 후 수소를 흡착시키면 흡착량은 표면적에 비례하여 1g당 1000 m²의 탄소 재료인 경우 수소량은 1.5 질량 %가 된다. 90년대 후반, 특수한 탄소 재료로 30 질량 %나 되는 수소를 저장할 수 있다는 보고가 이어졌지만 오늘날에 와서 그것은 실험의 잘못이였던 것으로 밝혀졌다.

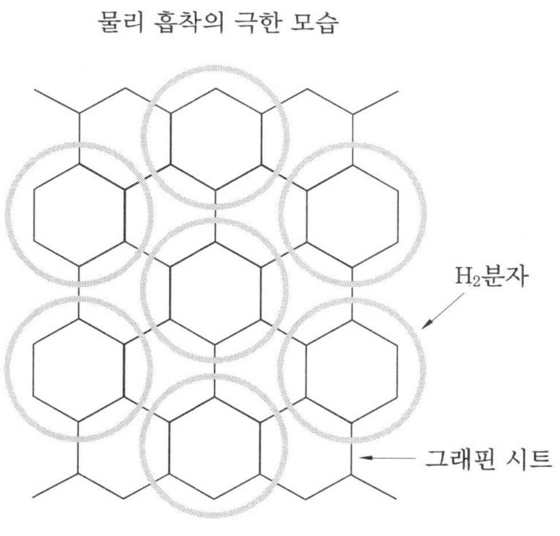

물리 흡착의 극한 모습

탄소는 표면적이 매우 크다. 탄소원자 6개에 대하여 수소 분자가 1개, 즉 3 질량 % 정도의 수소를 흡착할 수 있다.

그림 5-20 **탄소 재료상의 수소의 2차원 응축 구조**

그림 5-20은 그래파이트 표면에 수소가 2차원적으로 응축하였을 때의 모습을 가리킨다. 이것은 물리 흡착의 극한적 모습이다. 그래파

이트 층의 한 장 한 장을 그래핀 시트라고 하는데, 그 위에서 수소가 응축하면 탄소원자 6개에 대하여 수소 분자는 1개 비율의 주기 구조가 형성된다. 조성으로 표현하면 C_6H_2가 되고, 탄소 재료 전체가 이 조성으로 흡착을 일으키면 수소 함유량은 2.7 질량 %가 된다. 그림의 이상 구조보다 10 % 정도 밀도가 높은 구조도 알려져 있으므로 1g당 표면적의 최댓값에 가까운 2000 m^2의 값을 가진 탄소 재료의 포화 수소량이 3 질량 %라고 실측되었다는 것을 납득할 수 있다.

카본 나노튜브가 유망시되고는 있지만 카본 나노튜브 합성에 사용하는 금속 촉매를 제거하면 실온 부근의 실용 조건 아래에서는 수소 흡착량이 실질적으로 0이 된다. 합성 직후의 카본 나노튜브의 투과전자현미경 사진을 보면 등걸 부분에 촉매의 금속입자를 발견할 수 있다. 이것을 제거하지 않고 그대로 수소에 접촉시키면 표준 압력의 수소를 실온에서 1 질량 % 흡착한다. 탄소 재료와 금속의 복합으로 새로운 수소 저장 재료가 생성될 가능성을 예시하고 있다.

(7) 자동차용 고압 수소 용기

고압 봄베는 일반적으로 강철로 되어 있다. 그렇지만 연료전지 자동차용의 35 MPa (장래는 70 MPa도 검토되고 있다) 고압에 견딜 수 있게 하려면 대포의 포신처럼 두꺼운 벽이 필요하고, 바깥 용적에 비해서 내용적이 작아지거나 중량이 크게 늘거나 해야 한다. 그래서 개발된 것이 탄소섬유 강화 플라스틱 (CFRP)을 사용한 복합 용기이다. CFRP는 가볍고 고강도의 특징이 있어 골프 클럽이나 낚시대 등에 널리 사용되고 있으며 최근에는 항공기의 기체도 CFRP로 제작되고 있다.

자동차용 고압 수소 용기는 기밀성을 확보하기 위한 라이너라는 부분과 내압에 견디는 보강층으로 구성되어 있다. 라이너 재료는 알루미늄 합금이 사용되는 것과 플라스틱이 사용되는 것 두 종류가 있다. 알루미늄 합금은 가볍고 수소의 기밀성이 우수하지만 충전·방출을

반복하는 내압 변화에 따라 점차 균열이 커지는 단점이 있다. 그 때
문에 주변의 CFRP를 견고하게 하여 내압 변화로 인한 알루미라이너
의 신축을 극력 억제하는 연구를 하고 있다.

플라스틱을 라이너에 사용하는 경우는 수소의 투과에 문제가 있다.
수소는 대단히 작은 분자이므로 플라스틱의 미세 구조 속을 투과한
다. 그래서 구조가 보다 치밀한 고밀도 폴리에틸렌이나 폴리아미드
같은 엔지니어링 플라스틱이 사용되고 있다.

CFPR에 의한 보강층은 용기의 둘레 방향으로 감는 후프 감기와 축
방향에 나선 모양으로 감는 헬리컬 감기가 번갈아 반복되는 구조가
채택되고 있다.

고압으로 수소를 저장하는 경우의 안전성과 내구성을 확보하기 위
해 2배 이상의 내압성, 1만 회를 넘는 압력 사이클 시험, 그리고 -40℃
에서 +85℃까지의 온도 범위에서의 내구시험, 화재 시에 수소를 방
출하여 용기 파열을 방지하는 안전밸브의 작동시험, 오일·소금물 등
에 의한 화학 내구성 시험 등 많은 엄격한 시험이 실시되고 있다.

(8) 시스템으로서의 저장 — 하이브리드

연료전지 자동차가 500 km를 달리기 위해서는 수소가 5 kg 필요하
다. 이것을 지금의 가솔린차 연료 탱크 정도의 용기에 넣기 위해서는
질량밀도와 용적밀도가 높은 수소 저장이 필요하고, 제1차적인 목표
(2010년) 값은 질량밀도가 6 %, 용적밀도 1 m³당 수소 45 kg이었다.
이 목표가 달성되면 수소 연료 탱크는 83 kg, 111 L가 된다. 이 잠정
목표를 초고압 수소와 수소 흡장 합금의 조합으로 달성하려는 것이
하이브리드 저장의 개념이었다.

질량밀도가 높은 초고압 수소와 용적밀도가 높은 수소 흡장 합금을
조합하면 그림 5-21의 직선이 가리키는 것처럼 목표가 달성된다. 참
고로 초고압 수소란, 일반 봄베의 충전 압력인 15 MPa를 넘어 100

MPa까지의 것을 이른다.

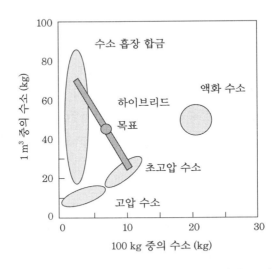

그림 5-21 **각종 수소 저장법의 수소 저장밀도 비교**

그림 5-22는 100 L의 용기를 가정하여, 하이브리드 탱크의 특징을 표시한 것이다. 그림 5-22 중 (70-2)로 표시된 곡선은 용적의 70 %를 공간으로 남긴 상태에서 수소밀도 2 %의 수소 흡장 합금을 충전한 경우이다. 합금밀도는 1 m³당 6 g으로 가정하였다. 도로 시험주행 중인 연료전지 자동차와 같은 35 MPa의 초고압 수소를 주입하면 전체적으로 5.2 kg의 수소가 저장되어 잠정 목표에 이른다. 수소가 이상(理想) 기체라면 60 MPa 정도로 하면 하이브리드로 하지 않아도 이 목표에 이르지만, 현실은 실재 기체이므로 목표에 이르지 못한다. 앞으로 수소 저장밀도 6 %의 수소 저장 합금이 개발된다면 용적의 90 %를 공간으로 남겨도 35 MPa로 모든 수소량 5.6 kg으로 된다. (90-6)으로 표시된 곡선이 가리키는 대로이다.

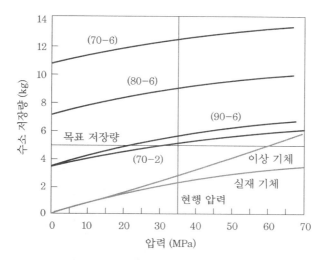

그림 5-22 **하이브리드 저장과 고압 수소 저장의 수소 저장량 비교**
(용적 100 L, 6 g/m³의 합금밀도를 가정. ( ) 속의 수치는
공간의 %-합금 속의 수소 질량 %를 표시)

하이브리드 탱크에는 열교환기를 붙일 필요가 있는 것으로 생각된
다. 수소 흡장 합금에서 수소를 끌어내는 경우에 열을 공급하고, 반
대로 수소를 흡장시킬 때는 반응열을 제거하기 위해서다. (90-6) 곡
선의 합금 질량은 60 kg이므로 모두의 83 kg, 111 L보다 우수하지만
열교환기가 너무 크면 시스템으로서의 장점이 상실된다.

(9) 해상 수송―단열 성능이 좋은 특수 콘테이너

−253℃의 액체 수소는 표준 상태인 수소가스 체적의 약 800분의 1
이 되므로 수송에 편리하다. 수소를 해상 수송할 때는 외부에서 열이
침입하는 것을 막기 위해 단열성능이 좋은 특수한 콘테이너에 액체
수소를 넣어 화물선으로 수송하게 된다. 또 앞으로 해외에서 수력,
태양, 풍력 발전 등의 전력으로 물을 전기분해하여 수소를 대량으로
생산하는 날이 온다면 해안에 건설되는 석탄 가스화 수소 제조공장에

서 소비지까지의 수소 배송은 액체 수소 탱커에 의한 해상 수송에 의
존할 수밖에 없을 것이다.

그림 5-23 **20만 m³의 많은 액체 수소를 운송하는 쌍동선 탱커**

1990년대에 실시된 일본의 WE·NET 수소 기술 개발 프로젝트에
서는 액체 수소 탱크 4대를 탑재하여 합계 20만 m³의 액체 수소를 수
송하는 전장 약 300 m의 거대 탱커 개념설계가 이루어진 바가 있다.
액체 수소 탱커의 특징은, 적하한 액체 수소는 물에 비하여 무게가
14분의 1로 대단히 가볍고, 흘수(吃水)가 얕기 때문에 선체는 쌍동선
(双胴船)이 일반적이다.

액체 수소는 극저온이므로 수송 중에 외부로부터 침입하는 열 때문
에 조금씩 기화한다. 따라서 액체 수소 탱크는 외부로부터 침입하는
열을 방지하기 위해 고성능 단열 구조여야 한다. 액체 수소는 수송
중에 1일당 0.2~0.4 % 정도 증발하여 기화하므로 몇 천 km의 장거리
를 수송하는 경우, 기화하는 수소의 양이 많다. 하지만 기화한 수소
가스는 탱커의 동력인 증기 터빈의 연료로 사용할 수 있어 낭비는 아
니다.

그러나 수송 중인 액체 수소의 양이 감소하므로 증발률을 경감하기 위해 탱크는 폴리우레탄폼과 진공 단열을 조합한 고성능 단열 구조가 적용된다.

(10) 육상 수송 — 대형 트레일러나 탱크로리를 이용

수소가스는 체적 에너지 밀도가 작아 고압으로 압축하거나 액체로 하여 운송하기 쉽게 한다. 운송하는 양과, 수소가스인가 액체 수소인가에 따라 운송하는 방법도 다르게 된다. 해외에서 보면 빨간 봄베의 집합체를 실은 트럭이나 고압의 긴 봄베를 실은 대형 트레일러는 고압 수소 수송에 사용되고, 액체 수소의 수송에는 탱크로리가 사용되고 있다.

① 고압 수소가스의 수송

소량의 수소는 압력 14.7 MPa으로 수소 봄베에 충전하여 트럭으로 수송하고, 많은 양의 수소는 압력 14.7 MPa 또는 19.6 MPa로 충전한 봄베를 10개 내지 30개를 묶어서 트럭으로 수송한다.

더욱 대량으로 수송하는 경우에는 길고 큰 용기를 쌓은 로더나 튜브 트레일러가 사용된다. 압력은 19.6 MPa가 표준이고, 수송 용량은 1100~3100 m^{3}까지이다.

고압 용기는 강철제이므로 트레일러용 긴 용기의 집합체 중량은 10~20톤이나 된다. 수송 중량이 200~300 kg의 수소가스를 수송하기 위해 10톤 이상의 무거운 용기를 사용하는 것은 효율이 좋지 않아 앞으로는 탄소섬유로 보강한 경량의 CFRP 용기의 사용이 검토되고 있으며 해외에서는 이미 사용되고 있다.

② 액체 수소의 수송

액체 수소는 −253℃의 극저온이지만 수송 시의 압축 수소가스의 약 4배인 체적 에너지 밀도를 가지므로 대량 수송에 적합하다. 액체 수소를 소량 수송할 때는 탱크로리가 사용되며, 1대의 수송 용량은 11000~ 12400 L까지이다. 이 밖에 더 대량으로 운송하는 방법으로는 액체 수소 컨테이너를 트레일러로 수송하는 방법도 있다.

수소 에너지 사회에서는 대량으로 또 효율적으로 값싸게 수송하는 방법을 깊이 고민할 필요가 있다.

(11) 수소를 파이프라인으로 수송

일반적으로 순수소 제조는 태반이 암모니아 합성이나 석유화학 등을 위한 제조공장에서 자가 소비용을 목적으로 제조하고 있으므로, 수소의 파이프라인 수송은 공장 부지 내의 지역적인 수송에 국한되고 있다. 그러나 외판을 목적으로 한다면 수소를 저장 용기에 충전하고 그것을 트레일러 등에 적재하여 수송하는 형태가 일반적이다.

유럽과 미국 등에서는 오래전부터 기업 간 장거리 파이프라인에 의해 수소가스를 대량 수송하고 있으며 현재도 그 수요는 증가 추세에 있다. 또 최근에는 연료전지 기술 등의 진보로 에너지원으로서의 수소가스 수요 증가가 예측되므로, 수소 사회의 기본이 되는 파이프라인 재료의 규격·표준화 문제가 논의되고 있다.

사실 유럽과 미국에서는 수소 파이프라인 수송의 역사가 오래되었다. 1938년에 독일의 화학회사인 휼즈사는 독일 룰루 지방에서 처음으로 화학 원료로써의 수소 파이프라인 공급을 시작하였다. 현재는 다른 회사 소유로 되어 있지만 이제까지 대형사고 등이 보고된 바 없고, 인신사고 등도 전혀 발생하지 않았다. 현재 세계 수소 파이프라인 총연장은 약 3000 km이고 사용되는 파이프의 지름은 100~300 mm 정도, 일반적으로 7 MPa 이하의 압력으로 조업하고 있다. 수소 파이프라인은 대부분이 화학 원료나 연료용으로 공장 간 수송하기 위해 설계되었으며 미국, 유럽 등 대형 공업가스 회사가 소유하여 운영하고 있다.

1970년 이래 수소 파이프라인을 운용하고 있는 미국 기업의 예를 보면, 파이프라인의 시방은 천연가스용 파이프라인과 거의 같고 관 바깥면에 녹을 방지하는 방청처리가 된 탄소강 강관을 사용하고 있 다. 또 안전관리 측면에서 파이프라인의 운용 상황은 감시 센터에서 상시 모니터하여 긴급 시에는 수소 공급을 원격 조작으로 차단하고 있다.

(12) 천연가스 · 수소 혼합가스의 형태로 수송

천연가스, 수소 혼합가스 수송이란, 이산화탄소 배출량 삭감을 목 적으로 도입이 검토되고 있는 수소 수송형태의 한 방법이다. 기존의 천연가스 공급용 인프라 설비에 수소를 혼합하여 수송함으로써 기존 인프라의 유효한 활용을 통해 초기 인프라 도입 코스트의 경감을 도 모하는 것이 특징이다.

2004년 5월에 5년간의 계획으로 시작된 EU(유럽 연합)의 "Naturally 프로젝트"에서는 처음으로 이 시스템 전체를 포괄적으로 검토한 바 있다. 이 프로젝트에서는 수소 혼합이 배관 재료와 오퍼레이션에 미 치는 영향을 검토하고, 혼합가스가 기존의 천연가스용 연소기기류에 미치는 영향도 검토했다. 탁상 검토와 실험실 시험에 더하여 실제 천 연가스 공급 배관망을 사용한 필드시험 등이 관심을 끌었다.

본 개념은 어디까지나 수소 수송이 논의의 대상 범위지만 현재 검 토되고 있는 수소 제조 방법으로는 바이오매스, 잉여 전력에 의한 물 의 전기분해(태양광 PV, 풍력, 수력, 원자력), 원자력 수소, 철강의 부 생 수소, 화석연료(석탄, 석유, 가스)로부터의 개질 등을 들 수 있고, 소비기기로는 기존의 천연가스용 연소기기류, 새로 도입이 검토되고 있는 연료전지 등을 들 수 있다.

또 기존의 천연가스 공급용 인프라 설비를 이용하여 천연가스 · 수 소 혼합가스를 수송, 사용할 때에 검토가 필요한 유의 항목으로는 혼합가스가 승압 · 강압 장치 등의 배관 부대 설비에 미치는 영향, 안전성, 가스 엔진, 가스 터빈, 보일러, 조리기기 등 기존 연소기기에 대한 영향, 필요에 적합한 수소 분리 방법 등을 들 수 있다.

5·5 수소는 어디에 쓰이는가

(1) 소형 정치용 연료전지

연료전지는 수소와 산소의 화학 반응으로 전기가 발생하는 발전장치다. 배출가스가 청정하고 발전효율이 높으며 배기열(排氣熱)을 이용할 수 있으므로 에너지 효율이 높아 CO_2 감축에 공헌할 것으로 기대된다.

각종 연료전지 중에서 작동 온도가 낮은 고체 고분자형 연료전지는 자동차용 외에 정치용과 이동용의 소형 발전 장치로 적합하다. 순수소를 연료로 사용하는 순수소형 연료전지와 천연가스 등의 연료를 발전 장치 안에 내장하는 개질기로 수소를 만들면서 발전하는 연료개질형 연료전지도 있다.

순수소(純水素)형으로, 장기간의 내구성을 문제시하지 않는 백업 전원용 연료전지는 미국에서 상품화되었다.

① 휴대전화 기지국용 백업 전원

휴대전화 등의 통신기지국에서는 정전 시에도 운용할 수 있게 배터리가 백업 전원으로 사용되고 있다. 그러나 배터리는 장시간 운전을 할 수 없으므로 수소 봄베 여러 개를 연료로 사용하는 연료전지가 사용되는 사례가 늘어나고 있다. 미국에서는 1~5 kW급 순수소형 백업 전원용 연료전지가 이미 1000대 이상 실용되고 있다.

② 가정용 연료전지

가정용 연료전지는 가정에서 천연가스, LPG, 등유 등의 연료를 사용하여 개질 장치로 수소를 제조, 발전하는 연료개질형 연료전지이다. 미국, 유럽, 일본 등에서는 전기와 온수를 공급하는 출력 1 kW급 소형 연료전지가 개발되어 대규모 실증 실험을 거쳤으며 일본에는 현재 3000대 이상의 연료전지가 가정에 보급되어 운전되고 있다.

발전효율은 35~37 % 정도이고 열을 유효하게 이용할 수 있다면 총합효율은 70 % 이상이 되어, 에너지 절약 효과와 CO_2 감축 효과를 기대할 수 있다. 과제는 최종 목표 코스트, 대당 가격, 그리고 4만 시간의 내구성이 달성된다면 장래 대대적으로 보급될 것으로 기대되고 있다.

(2) 연료전지 자동차

가솔린 엔진을 대신하여 순수소를 연료로, 전기와 모터로 구동하는 연료전지 자동차는 배기가스가 물뿐인 무공해 차이므로 대기오염 방지와 CO_2 감축 효과를 기대할 수 있다. 현재 승용차와 버스의 실증 운전시험이 세계 각지에서 실시되고 있으며 2015년경에는 시장 도입이 예상된다.

수소를 연료로 사용하기 때문에 배기가스는 청정하고 소리가 조용하며 환경성이 우수하다. 또 가속도 좋고 기기가 차 바닥 밑에 수납되므로 실내 공간이 넓어 쾌적한 운전을 할 수 있다. 차의 구동 전원으로는 배터리와 연료전지의 하이브리드 시스템이 채용되며, 에너지 효율이 높고 연비는 가솔린 엔진차의 2.5~3배 정도 좋다.

연료전지차는 수소를 연료로 사용하므로 충돌사고나 터널 안의 화재사고 때 안전성이 걱정되었지만, 미국, 일본 등에서는 수소 용기와 수소를 탑재한 차량의 안전성에 관한 대규모 화재실험 등을 실시하여 안전성이 확인되었다. 주행 거리가 짧은 문제도 차량 효율의 향상과 탑재하는 수소연료 압력을 35 MPa보다 더욱 고압화함으로써 약 500 km의 주행이 가능하게 되었다.

저온에서의 시동성도 −30℃까지는 문제없이 시동되는 등 기술적 개량이 달성되어 남은 과제는 연료전지의 내구성과 코스트로 좁혀졌다. 특히 상품화를 위해서는 대폭적인 코스트 다운이 필요하며, 이는 앞으로 보급의 관건이 될 전망이다.

연료전지차는 많은 기술 과제를 점진적으로 해결해 왔으며 앞으로 수년 간은 실증 운전시험을 거쳐 보급의 길로 들어설 것으로 예상된다. 연료전지차를 보급시키기 위해서는 앞으로 자동차의 상품화 외에 전국적인 수소 스테이션망을 만들어야 한다. 차량의 시장 도입에 앞서 수소 인프라의 정비를 시작할 필요가 있다.

수소를 이용하는 연료전지차 시스템은 지구 온난화 대책의 가장 강력한 수단이라고 할 수 있다.

(3) 연료전지 철도차량

연료전지 자동차에 이어 연료전지 철도차량 개발도 추진되고 있다. 철도차량의 디젤차에 사용되는 디젤 엔진을 수소연료의 연료전지와 모터로 대체하면 대기오염 물질과 CO_2의 배출 방지, 저소음화, 에너지 절약 효과 등이 기대되므로 지구환경 개선에 공헌할 수 있다.

또 일반 전동차까지 대체할 수 있게 된다면 가공선과 대규모 변전설비가 필요 없어 보수작업이 크게 줄어든다. 이 밖에 가공선을 없앰으로써 가공선 사고가 없어지고, 선로 위 공간의 이용과 도시 경관을 개선하는 장점도 있다.

차량 구동 시스템은 기본적으로 연료전지 버스 등의 구동과 마찬가지로, 배터리와 연료전지의 하이브리드 시스템이 적용된다. 또 차량을 시동할 때에는 전원에 큰 부하가 걸리지만 하이브리드 시스템의 채택으로 피크 부하를 배터리가 부담하기 때문에 연료전지 용량을 어느 수준으로 억제할 수 있는 것 외에 브레이크 사용 시에는 에너지를 회수할 수 있다.

일본의 철도총합기술연구소는 실험차량을 구내에서 주행시켜 연구를 진행하고 있다. 차량은 1편성 2량 연결차로 정원 140명, 최고속도 시속 120 km, 편성출력 800 kW, 연료전지 출력 500 kW 정도로 생각하고 있다.

동일본여객철도에서도 65 kW의 버스용 연료전지 2대를 사용하여 바닥 밑에 35 MPa의 고압 수소 용기를 수납한 연료전지 차량을 시험 제작하여 나가노 현의 본선에서 주행 시험을 실시했다. 동경과 오사카를 1시간에 연결하는 리니어 신간선에서도 터널 안의 오염 방지를 위해 연료전지 사용을 고려하고 있다.

철도차량은 자동차와 달리 주행 장소가 정해져 있으므로 수소 인프라 정비가 용이하다. 자동차용 연료전지의 코스트 다운이 성과를 거둔다면 같은 연료전지를 사용할 수 있으므로 연료전지 전차의 조기 실용화도 기대된다.

(4) 모바일 전자기기용 연료전지

노트북, 디지털 카메라, 오디오 플레이어, 휴대전화 등 모바일 전자기기는 수 와트에서 수십 와트의 전력을 필요로 하였으나 최근에 와서는 고성능화, 다기능화하여 소비 전력이 늘어나고 있다.

현재 리튬 이온전지와 니켈 수소전지가 사용되고 있지만 소형, 경량이고 에너지 밀도(체적과 질량당의 에너지)가 큰 전지를 필요로 하고 있다. 이에 맞추어 에너지 밀도가 현재 전지의 3~4배이고 작은 연료 카트리지를 교환만 하면 몇 시간이고 사용할 수 있는 초소형 연료전지가 개발되었지만, 성능을 더욱 향상시키고 소형화, 코스트 절감 등을 실현하기 위한 연구 개발이 진행되고 있다.

모바일 전자기기용 연료전지는 메탄올 수용액의 카트리지를 연료로 사용하는 방식과 수소 흡장 합금의 카트리지를 사용하는 방식이 있다.

메탄올 수용액을 사용하는 경우는 연료전지 전극에 직접 메탄올을 주입하여 메탄올과 공기 중의 산소가 화학 반응하는 경우에 발생하는 전기를 이용하는 다이렉트 메탄올형이 있다. 또 메탄올을 초소형 개질기로 개질하여 수소를 만들어 전극에 보내는 개질형과, 수소 흡장 합금에 저장한 순수소를 전극에 보내는 순수소형도 있다.

이것들 중에서 순수소형은 다이렉트 메탄올형보다도 시스템이 약간 커지지만 연료전지의 출력밀도는 커진다. 각 방식에는 각각 장점과 단점이 있으므로 연구 개발이 계속되고 있다.

메탄올은 국제 조약상 항공기 내에 가지고 들어갈 수 없지만 2009년부터 그 규제가 완화되어 연료전지 퍼스컴 등의 기내 반입이 가능하게 되었다. 또 메탄올 연료의 카트리지 국제 표준화도 검토되고 있어 실용화를 위한 준비가 진행되고 있다.

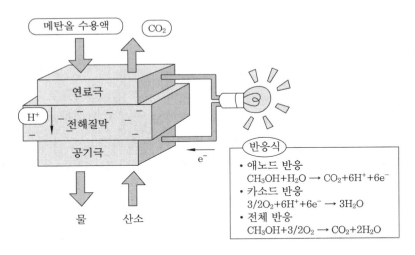

그림 5-24 다이렉트 메탄올 연료전지의 원리

(5) 연료전지 선박 및 소형 이동체

수소연료의 고체 고분자형 연료전지의 장점을 살려 동력원으로 이용하는 각종 선박과 휠체어, 로봇 등의 소형 이동체가 개발되고 있다. 전에는 배터리가 전원으로 사용되었지만 수소를 공급하는 연료전지로 발전함으로써 장시간 운전이 가능하게 되었다.

① 선박에 대한 응용

선박용 디젤 엔진을 대신하여 수소연료의 연료전지와 전기 모터로 선박을 운행하는 방식은 대기오염 방지, 에너지 절약, 이산화탄소 배출량 감축, 진동과 소음 경감, 해저 탐사기와 잠수함에서는 폐쇄 공간에서 운전할 수 있는 외에 배터리보다도 대용량으로 장시간 운전할 수 있는 등 많은 장점이 있다.

독일에서는 잠수한 상태에서 약 780 km를 항행할 수 있는 연료전지 잠수함을 건조했고, 함부르크에서는 100 kW의 연료전지로 구동하는 100인승 유람선이 2008년 여름에 완성되었다. 소리가 조용하고 배기가스가 청정한 연료전지 선박은 도시의 운하를 항행하는 유람선에 최적으로 생각된다.

또 일본은 심해 탐사기선 '우라시마'에 4 kW의 연료전지를 수소 흡장 합금에 저장한 수소와 고압 용기에 저장한 산소로 운전하여 2005년에 317 km의 연속 장거리 해저 항행으로 세계 기록을 달성했다.

② 소형 이동체에 대한 응용

종래의 배터리보다 긴, 약 60 km를 주행할 수 있는 연료전지 구동 휠체어와 자전거, 카트, 로봇 등이 개발되고 있다.

유럽에서는 대규모 실증 실험을 하는 하이첸 프로젝트가 발족하여 연료전지 휠체어와 미니버스, 스쿠터 등 158대가 독일, 프랑스, 스페인, 이탈리아 등의 4개국에서 2010년까지 실증 운전시험을 실시하였고 일본에서는 JHFC 실증시험이 실시되었다.

(6) 수소 연소 터빈

화석연료를 사용하는 대규모 발전의 고효율화를 위한 것이 가스 터빈과 증기 터빈을 조합한 콤바인드 사이클이다. 수소를 연료로 사용하는 수소 콤바인드 사이클은 궁극의 고효율 대규모 발전 기술의 대표격이라 생각된다. 천연가스 콤바인드 사이클과 수소 콤바인드 사이클의 차이를 그림을 통하여 살펴보자.

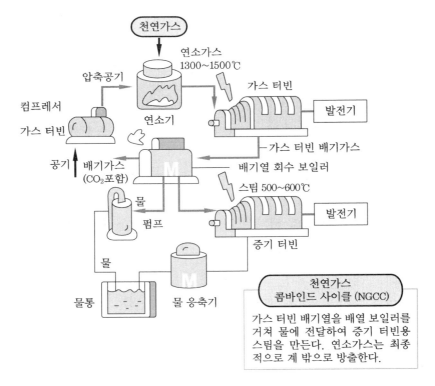

그림 5-25 **고효율을 목표로 한 콤바인드 사이클**

그림 5-25는 천연가스 콤바인드 사이클의 기본 구조를 가리킨다. 연소용 공기를 컴프레서로 압축하여 천연가스와 함께 연소기에 불어

넣어 연소시키면 고온의 연소가스를 발생한다. 이 고온가스를 터빈 날개에 내뿜어 터빈을 회전시키면 터빈에 직결된 발전기에 전달되어 발전한다. 터빈 배기가스는 고온이므로 배기열 회수 보일러와 결합하여 증기를 발생시키고, 이 증기로 증기 터빈을 가동하여 발전한다.

콤바인드 사이클은 가스 터빈과 증기 터빈을 조합함으로써 천연가스가 가지고 있는 에너지를 효율적으로 이용하여 고효율을 실현하고 있다. 현재의 기술로는 터빈 입구의 가스온도 1300~1500℃, 효율 60 % 정도 (고위 발열량 기준)가 최고 수준이다.

그리고 수소를 연료로 이용하고, 공기 대신에 순산소를 사용하여 연소시키는 수소/산소 연소 터빈의 경우는, 먼저 수소가 산소를 과부족 없는 조성으로 연소시켜서 고온의 수증기를 발생시킨다. 이 경우, 공기 중의 질소에 유래하는 질소산화물이 발생할 우려가 없으므로 온도는 터빈 날개의 내열성 한계까지 높일 수 있다. 그리고 가스 터빈 자체가 증기로 작동하므로 보일러의 전열면을 통하여 증기의 전량을 만들 필요가 없고, 후단의 증기 터빈에 그대로 가스 터빈 출구 증기 일부를 넣을 수 있다. 터빈 입구 온도의 고온화와 전열 손실 등을 회피한 결과 고효율이 실현된다.

(7) 수소 디젤 엔진

경유를 연료로 하는 디젤 엔진은 자동차 외에 대용량 발전 설비, 코제너레이션, 선박, 철도의 기관차, 대형 건설기계 등에 널리 사용되고 있다. 디젤 엔진은 공기를 연소실에 보내어 피스톤으로 압축한 고압으로 연료를 분사하여 자연 발화시키는 방식이기 때문에 압축비가 높아져 공기 과잉 상태에서 연소시킴으로써 높은 열효율을 얻을 수 있다. 그러나 경유를 연료로 사용하기 때문에 황산화물, 검은 매연, 입자상 물질 등을 배출한다. 수소를 디젤 엔진의 연료로 사용하면 고효율의 장점을 살려 단점인 대기오염 물질의 배출을 감축시킬 수 있다.

2000년경에 일본은 WE · NET 프로젝트에서 수소 · 공기 오픈 사이클 디젤 엔진 개발을 시작하여 100 kW급 단통(單筒) 엔진을 시작(試作), 운전함으로써 기초 기술을 확립했다. 앞으로 수소 인프라가 구축된다면 대용량 코제너레이션과 선박의 동력용 등 큰 출력이 필요한 1000 kW급 이상의 동력 시스템에 적용될 것이 기대된다.

이 분야는 콤팩트성, 낮은 코스트, 신뢰성 등 실용적인 면에서 연료전지보다 디젤 엔진이 적합한 분야이다. 그러나 이와 같은 대용량 엔진 운전에는 액체 수소 저장과 수소의 파이프라인 공급 등 상당한 규모의 수소 인프라가 필요하다.

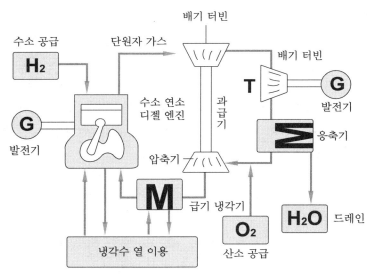

수소/산소 클로즈드 사이클 디젤 엔진 시스템

그림 5-26 완전 청정한 고효율 엔진 코제너레이션 시스템

수소와 공기를 디젤 엔진의 연료로 연소시키는 경우, 낮은 수준의 질소산화물을 배출하지만 아르곤 가스를 작동 매체로 한 수소와 순산소 연소의 클로즈드 사이클 디젤 엔진의 경우 대기오염 물질의 배출을 제로로 하는 완전 청정하고 고효율의 시스템을 만들 수 있다.

(8) 수소 엔진 자동차

수소 엔진 자동차는 낮은 수준의 질소산화물 이외에는 유해 물질을 배출하지 않으므로 미국과 유럽 등에서는 1960년 후반부터 연구가 시작되었다. 수소는 공기보다 무게가 14분의 1로 대단히 가볍기 때문에 연소실 내에서 공기와 혼합되기 어렵다. 또 불이 붙는 착화 에너지가 작고 연소 속도가 빨라 역화(逆火)가 일어나기 쉽다는 것 등 가솔린 엔진과는 성질이 다르기 때문에 가솔린 엔진을 그대로 사용할 수는 없다. 그래서 수소와 공기의 혼합 방법, 연소, 온도, 공기 도입량, 질소산화물 생성량, 출력 등 상호 관계를 규명하여 최적화함으로써 수소 엔진 기술이 확립되었다.

독일에서는 BMW가 액체 수소를 탑재한 수소 엔진차를 개발했고 우리나라에서도 현대 자동차가 수소 엔진 자동차 개발에 힘을 쏟고 있다.

로터리 엔진은 흡기실과 연소실이 분리된 구조로, 흡기실에는 열원이 없기 때문에 이상 연소가 일어날 위험성이 낮아 수소 연소에 적합하다. 그리고 수소 로터리 엔진은 직분(직접 분사) 엔진이므로 수소가 양호하게 연소된다.

연료전지차가 보급될 때까지, 그간의 수소 이용 대책으로 베를린에서는 2009년까지 MAN이 개발한 수소 엔진 버스 250대를 도입한 것 외에 런던과 로테르담에서도 대량 도입을 검토하고 있다. 포드의 수소 엔진 마이크로 버스는 플로리다 등 미국에서 도입이 시작되었다.

승용차로는 마쓰다의 수소 로터리 엔진차, BMW의 수소 엔진차, 이 밖에 시판되는 도요타 프리우스를 QUANTUM이 개조한 수소 엔진 하이브리드차 등의 도입이 시작되었다.

수소 엔진차는 수소 이용을 촉진하는 것 외에 연료전지차 도입에 선행하여 수소 인프라 구축을 위해 활용되고 있다.

(9) 액체 수소 제트 엔진 항공기

케로신(kerosine, 등유)을 연료로 사용하는 제트 엔진 항공기는 세계적인 발착 편수 증가와 빠른 추세로 늘어나는 비행거리로 인하여 공항 내의 질소산화물 배출량 증가뿐만 아니라 지구 온난화 가스 배출원이 되고 있다. 수소를 연소시키는 항공기 엔진은 다소의 질소산화물과 수증기를 배출하지만 항공용 케로신을 사용하는 제트 엔진에 비교해서는 온난화 영향이 현저히 적다고 할 수 있다. 액체 수소 연료는 액체 수소 탱크에 넣어 탑재하는데, 연료를 포함한 총 중량은 케로신계보다 훨씬 가벼워 부양력 부담을 경감할 수 있다. 따라서 엔진의 소형 경량화를 초래하여 항속거리를 늘리는 장점이 있다.

러시아에서는 1988년에 스보레프 TU155 제트 엔진 여객기를 액체 수소로 비행시키는 시험을 했다. 시행비행은 3개의 엔진 중 하나만을 액체 수소 엔진으로 바꾸어서 했다. 그 후 1990년대에 에어버스는 유럽와 캐나다에 의한 EQHHPP 프로젝트에서 스보레프와 협력하여 드르니에 Do328형기를 액체 수소용으로 개조하여 2000년에 실험비행을 계획하였지만 그 계획은 중지되었다.

그러나 2000년부터 EC 위원회의 지원을 받은 에어버스사가 중심이 되어 액체 수소 제트 엔진 항공기의 조사 연구를 다시 시작했다. 국제 수소기술표준화위원회에서는 공항에서 액체 수소 제트 엔진 항공기에 액체 수소를 공급하는 설비의 국제 표준규격을 이미 설정한 바 있다.

이 밖에 항공기에 대한 수소 이용에서는, 미국에서 수소·연료전지 동력과 자동차용 수소 엔진으로 비행하는 무인 항공기 실험이 실시되었다. 또 항공기의 기내 전원으로 사용하고 있는 엔진 발전기 대신에 연료전지를 사용하는 연구 개발도 미국, 유럽에서 진행되고 있다.

(10) 수소 제철—환원 제로 수소를 사용

철광석 속의 산화철을 코크스와 일산화탄소로 환원하여 선철을 만
드는 것이 제철이다. 환원제로 수소를 사용하는 것이 수소 제철인데
보통, 이 수소를 고온가스로의 열로 제조하는 것이 전제가 되기 때문
에 원자력 체철이라고도 한다. 고온가스로(爐)란, 헬륨 등의 불활성
가스로 노를 냉각하는 신형 원자로를 말하며, 냉각재의 출구 온도가
절대 온도로 1300 K 이상이나 되기 때문에 각종 화학 반응의 열원으
로 사용된다.

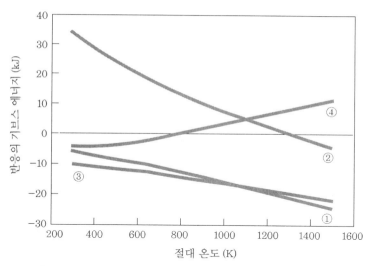

① $H_2[g] + 3Fe_2O_3[s] = H_2O[g] + 2Fe_3O_4[s]$
② $4H_2[g] + Fe_3O_4[s] = 4H_2O[g] + 3Fe[sl]$
③ $CO[g] + 3Fe_2O_3[s] = CO_2[g] + 2Fe_3O_4[s]$
④ $4CO[g] + Fe_3O_4[s] = 4CO_2[g] + 3Fe[sl]$
　반응식 중 [g], [s] 및 [sl]는 각각 기체, 고체 및 고체, 액체 양쪽
　을 표시

그림 5-27　**제철에 관계된 반응 기브스 에너지 변화**

코크스는 연소하여 일산화탄소 CO를 공급하면서 제련 반응의 열원으로도 된다. 탄산칼슘은 분해하여 철광석 중의 규산염과 반응하여 슬러그가 되어 녹은 쇳물 위에 뜬다. 선철은 최대 4 % 정도의 탄소를 함유하고 있으므로 이것을 산소로 연소시켜 순화함으로써 강철을 얻는다.

대부분의 철은 산화철이 일산화탄소로 2단계 환원되어 생성된다. 일반적으로 화학 반응은 기브스 에너지 변화의 값이 음이어서 절대값이 클수록 잘 진행된다. 철 1몰당의 값이 온도에 따라 변화하는 모습을 그림 5-27에 보기로 들었다. 산화철 Fe_2O_3을 일산화탄소로 환원하는 반응 ③은 값이 항상 음이지만 사삼산화철 Fe_3O_4를 환원하는 반응 ④는 절대 온도가 800 K를 넘으면 양이 된다. 각 반응존 온도를 제어함으로써 철을 얻는다.

수소로 환원하는 경우 산화철 Fe_2O_3을 최초로 환원하는 반응 ①의 기브스 에너지 변화는 항상 음이지만, 사삼산화철 Fe_3O_4에서 철을 얻는 반응 ②는 1300 K 부근에서 겨우 음이 된다.

고온가스로 수소를 만드는 반응은 열화학법 외에 메탄의 개질 반응, 석탄의 가스화, 화석연료에서 탄소와 수소로의 단순 열분해, 전기를 거친 물의 전기분해 등 다양하다. 코크스에 의한 제철에서 고온가스로를 반응의 열원으로만 이용하는 방법도 생각할 수 있다.

Chapter 06

재생 가능 에너지의 평가

6·1 재생 가능 에너지의 수지 계산

태양광 발전이나 태양열 온수기는 지구에 쏟아져 내리는 태양 에너지를 직접 이용하는 기술이다. 풍력과 파랑도 태양 에너지에 의해서 지표에 나타나는 현상이므로 태양 에너지의 간접적인 이용이라 할 수 있다. 태양이 없다면 바이오매스도 자라나지 못할 것이므로 이것도 역시 태양 에너지의 간접적인 이용임에 틀림없다.

태양광 발전은 태양광을 직접적으로 이용하는 대표적인 예다. 지표에 쏟아져 내리는 태양의 일사(日射) 에너지는 지역에 따라 차이가 있으나 맑게 게인 날이면 대략 $1\,kW/m^2$ 정도이다. $1\,m^2$에 1시간 동안 $1\,Wh$의 에너지가 쏟아져 내리는 셈이다. 밤과 비 오는 날도 있으므로 1년 8760시간 중 1200시간 정도 태양광 에너지를 받는다고 한다면 1년간 약 $1200\,kWh$의 태양 일사 에너지를 받는다고 생각할 수 있다. 그러나 이 일사 에너지 모두를 사용할 수 있는 것은 아니다. 태양광 발전에서는 현재 효율이 10 % 정도이므로 1년간의 발전량은 $1\,m^2$당 $120\,kWh$ 정도이다.

한편, 현재 사용하고 있는 주된 에너지인 화석연료는 예컨대 석탄은 $1\,kg$이면 $7000\,kcal$ 정도의 에너지를 가지고 있다. 이것을 발전에 사용한다면 그 효율은 35 % 정도이므로 $2.85\,kWh$의 전기를 얻을 수 있다. 1톤이면 $2850\,kWh$이고, 10톤 트럭에 가득히 석탄을 적재한다면 1톤의 10배에 해당하는 전기를 얻을 수 있다. 단순하게 환산하면 10톤 트럭에 가득 적재한 석탄으로 발전하는 전기를 태양광 발전으로 1년간 얻으려고 한다면 약 $240\,m^2$($15\,m$ 4방)가 필요하고, 단 하루에 얻으려고 한다면 8만 $7600\,m^2$(약 $300\,m$ 4방)의 면적이 필요하다.

또 100만 kW 출력의 석탄 화력발전소에서는 하루에 약 350톤의 석탄을 사용하고, 이 발전소에 견줄 만한 태양광 발전소라면 3000만 m^2($5.5\,km$ 4방)의 면적이 필요하다. 실제로는 패널을 이 넓은 면적에 빈틈없이 깔 수는 없으므로 더욱 넓은 면적을 필요로 할 것이다.

일반적으로 태양광 발전으로 대표되는 재생 가능 에너지는 태양 에너지를 이용하는 것이므로 아무런 대가도 지불하지 않고 무상으로 얻는 것이라 생각하기 쉽다. 그러나 그것은 잘못된 생각이다. 위의 설명으로도 알 수 있듯이 재생 가능 에너지를 이용하기 위해서는 여러 가지 설비가 필요하고, 특히 발전과 같은 대규모의 이용을 위해서는 그 설비 역시 대규모일 수밖에 없다.

5.5 km 4방의 넓은 땅에 태양광 발전용 패널을 시설해야 하고, 그 패널을 제조하기 위해서는 많은 에너지가 사용되어야 한다. 패널을 설치하기 위해서는 가대 (架台)도 필요하고, 가대를 제조할 때 역시 에너지가 필요하다. 이 모든 것을 고려할 때, 태양광 발전소를 건설하기까지 많은 에너지의 투입이 필요하다.

한편, 태양광 발전소는 일단 완성만 되면 거의 에너지를 투입하지 않고도 발전할 수 있다. 생산되는 전기는 태양이 보내주는 선물인 셈이다. 그러나 태양광 발전소라 해서 끝없이 마냥 쓸 수 있는 것은 아니다. 이것도 내용 (耐用) 연수가 있게 마련이며, 수명을 다해 폐기되기까지 생산되는 전기 에너지는 태양광 발전소를 건설하기 위해 투입한 에너지보다 많지 않다면 이 재생 가능 에너지는 아무런 의미가 없다. 때문에 재생 가능 에너지가 어느 정도 이득이 되는지 수지를 계산할 필요가 있다.

재생 가능 에너지의 가장 큰 특징은 청정하다는 점이다. 공해의 원흉이 되는 SO_x 와 NO_x 는 물론, 지구 온난화의 주된 요인이 되는 이산화탄소를 배출하지 않는다. 그러나 전술한 바와 같이 재생 가능 에너지를 이용하는 시설을 설치할 때 에너지를 필요로 하고, 이때 이산화탄소도 배출하게 된다.

그렇다면 화석연료 발전소를 재생 가능 에너지로 대체한다면 어느 정도의 이산화탄소 배출을 감축할 수 있을 것인가. 이 의문에 대답하기 위해서는 계획 단계에서 재생 가능 에너지 이용 설비를 설치하기

까지에 필요한 에너지를 산출할 필요가 있다. 이 장에서는 위의 의문
에 답하는 '재생 가능 에너지의 평가' 방법을 기술하겠다.

6·2 재생 가능 에너지 이용을 위한 투입 에너지

재생 가능 에너지를 이용하기 위해 필요한 에너지는 예컨대 태양광
발전소의 경우 발전소를 건설하기 위한 에너지, 발전소에 사용하는
태양광 패널과 가대를 생산하기 위한 에너지 등이 필요하다. 또 태양
광 발전소를 운전하기 위한 에너지도 간과할 수 없다.

막상 건설을 시작하게 되면 전기와 트럭을 사용하게 되고 트럭은
경유를 쓰게 된다. 이 전기와 경유를 제조할 때도 에너지가 쓰이고
그 에너지를 생산하려면 역시 석탄이나 석유, 화석연료인 천연가스를
사용하게 된다.

또 태양광 패널을 제조하는 에너지를 산출하기 위해서는 패널 제조
공장에서의 에너지 소비, 패널공장에 지입되는 소재를 제조하기 위한
에너지 소비도 계산되어야 한다. 이에 소요되는 에너지 소비도 최종
적으로는 화석연료와 원자력, 수력에 귀착된다.

이처럼 필요로 하는 기술과 제품에 관련되는 모든 프로세스를 고려
하여 자원의 최종적인 소비량과 환경에 대한 배출 물량을 계산하는
기법을 라이프사이클 인벤토리(life cycle inventory) 분석이라 한다.

라이프사이클 인벤토리 분석의 결과로 얻어진 자원의 소비량과 환
경에 대한 배출 물량은 그것들이 환경에 미치는 영향을 평가하는 기
초 데이터가 된다. 환경 영향 평가 부분은 라이프사이클 임팩트 평
가라고 하고, 이 양자를 합쳐서 제품과 기술(서비스) 등이 환경에 미
치는 영향을 평가하는 기법이 '라이프사이클 어세스먼트(life cycle
assessment)'이다.

6·3 라이프사이클 어세스먼트

라이프사이클 어세스먼트 (LCA)는 공업제품이 생산된 연후에 그것이 판매되고 폐기되기까지, 즉 그 제품의 일생 (라이프사이클)을 견주어 그 동안의 배출 물량과 자원의 소비량을 계산하고 그것이 환경에 미친 영향을 검토하는 방법이다.

배출 물량과 자원의 소비량을 계산하는 부분을 인벤토리 분석이라 하고, 환경에 대한 영향을 분석하는 부분을 임팩트 평가라고 한다. LCA의 이념은 '요람에서 묘지까지'란 말처럼 제품의 일생을 고찰하는데 특징이 있다.

여기서 예컨대 냉장고를 생각해 보도록 하자. 냉장고는 철과 플라스틱, 알루미늄 등을 가공하여 조립하게 된다. 이 철을 제조할 때는 석탄과 철광석 등을 필요로 한다. 플라스틱을 제조하기 위한 원료는 원유로부터 제조된다. 이와 같은 소재의 제조공정에서는 전기나 경유 등이 에너지로 사용된다.

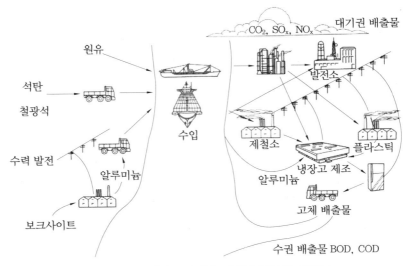

그림 6-1 **라이프사이클 어세스먼트의 개념도**

또 냉장고를 조립하는 공장에서도 전기나 증유를 사용한다. 전기는 석탄이나 중유, 천연가스를 쓰는 화력발전소에서 공급되고, 중유는 원유를 정유하는 정유공장에서 공급된다. 우리나라의 경우 석탄과 원유, 철광석 등 자원의 대부분을 수입에 의존하고 있다 (그림 6-1 참조).

이와 같은 여러 과정을 거쳐 생산된 냉장고가 공장에서 출고되어 각 가정에 수송될 때는 트럭이 이용된다. 그 트럭이 사용하는 경유의 제조와 트럭의 배기가스도 계산에 포함시킬 필요가 있다. 각 가정에서 냉장고를 사용할 때도 전기가 필요하다. 그리고 냉장고의 수명이 다해 폐기될 때는 일부는 처리업자에 의해 해체되어 고철 등 재활용품으로 회수되고 나머지는 매립 처분된다.

이처럼 냉장고의 일생을 통해 본 자원의 소비량과 환경에 미치는 배출물량을 모두 계산하여 환경에 대한 영향을 평가하는 것이 LCA이다. 냉장고의 일생 중에서 어느 단계에서 환경에 가장 큰 영향을 미치는가를 분석할 수 있으므로 환경에 대한 영향을 억제하기 위한 효율적인 방법이 선택된다.

이것은 동시에 환경과 조화를 이루는 제품 선택에 기여하는 것을 의미한다. 예컨대 A사의 냉장고와 B사의 냉장고 중에서 어느 것이 환경에 미친 영향이 적은가를 비교하는 것이 가능하기 때문이다. 공정하게 비교하기 위해서는 LCA 실시의 룰이 정해지지 않으면 안 된다. 그래서 LCA의 국제 규격화가 추진되고 있다.

라이프사이클 인벤토리 분석 기법을 이용하여 기술을 평가하기 위해서는 대상으로 하는 기술을 명확하게 밝혀둘 필요가 있다. 표 6-1은 여기서 다루는 재생 가능 에너지를 사용한 발전소와 화석연료 사용 발전소의 규모 및 1년간 송전되는 전력량 (송전단 전력량)을 예시한 것이다.

발전 플랜트에 투입한 에너지는 발전 플랜트의 건설 에너지와 운용에너지로 나눌 수 있다. 또 건설 에너지는 발전소 건설에 필요한 소재 제조에 관련되는 에너지와 그 소재를 기기에 조립하는 공정에 소요되는 에너지와 발전소를 건설할 때 소요된 에너지로 분리할 수 있다.

표 6-1 **가정한 발전 방식의 발전소 규모와 연간 송전단 전력량**

발전 방식	연간 송전단 전력량 (kWh/연)	발전소 규모 (MW)
석탄	6.08×10^9	1000
석유	6.17×10^9	1000
LNG (천연가스)	6.34×10^9	1000
수력	3.93×10^7	10
태양광	1.25×10^6	1
바이오매스	1.04×10^9	197
풍력	2.76×10^5	0.1

소재를 제조하는데 필요한 에너지 소비량은 일반적으로 그 소재 제조의 에너지원 단위라고 한다. 예를 들면 철강은 주로 철광석과 석탄을 사용하여 제조되고 있다. 철광석과 석탄은 거의 우리나라에서 생산되고 있지 않기 때문에 철광석은 호주나 브라질에서, 석탄은 호주와 캐나다에서 수입되고 있다. 철광석이 우리나라의 제철소에 도착하기까지 채광→ 선별→ 육상 수송→ 선적→ 해상 수송→ 육상 수송의 과정을 거쳐야 한다. 석탄 역시 마찬가지이다. 이와 같은 과정의 에너지 소비량을 모두 계산하고, 제철소에서 소비되는 에너지까지 가산한 것이 라이프사이클 어세스먼트에서의 철강 제조 에너지원 단가이다.

그러나 철광석 수입선 모두에 대하여 각 광산에서의 채광, 선별, 수송 상황을 조사하는 것은 곤란하다. 그래서 다음의 계산에서는 해외에서의 공정을 모두 배제하고 다루었다. 즉 자원과 제품이 해외 항만을 떠난 이후를 대상으로 하였다.

라이프사이클 어세스먼트 분석에서는 이처럼 조사하는 범위에 따라 데이터가 다르게 되므로 조사하는 범위를 명확하게 밝혀 둘 필요가 있다. 채택된 조사 범위는 시스템 바운더리라고 한다.

이와 같은 조사를 중첩하여 발전소를 건설하기까지 소비하는 에너지양을 총합할 수 있다. 또 발전소 운용기간을 30년으로 잡는다면 30년간 소요되는 운용 에너지 소비를 가산하고, 가령 화석연료를 사용하는 발전소라면 연료 소비를 가산한 것이 발전소가 폐기될 때까지 투입되는 에너지가 된다.

표 6-1에 제시한 바와 같이 예상한 발전소 규모에 큰 차이가 있으므로 투입 에너지양 그 자체의 크고 작음을 논의할 수는 없다. 그래서 30년 동안에 송전되는 전력량으로 나누어 1 kWh당의 투입 에너지로 그림 6-2에 제시했다.

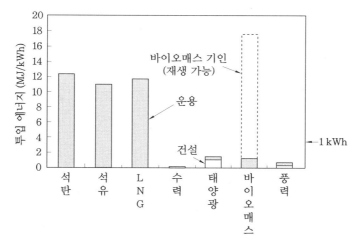

그림 6-2 **발전소의 1 kWh당 투입 에너지 (내용연수 30년)**

이 그림을 통하여 재생 가능 에너지에 의한 발전소가 30년간 운용된다면 1 kWh당 투입 에너지양은 어느 발전소에서나 1 kWh보다 적어, 알짜 에너지를 획득할 수 있음을 알 수 있다. 또 화석연료 사용 발전은, 발전소 건설과 운용에 필요한 에너지는 적은 반면 연료 소비가 대부분인 것을 알 수 있다.

또 재생 가능 에너지에 의한 발전은 바이오매스를 제외하고는 발전소 건설에 소요되는 에너지가 크다. 그리고 바이오매스 발전에서는 연료가 되는 바이오매스는 재생이 가능하므로 이것은 점선으로 표시하였다. 그림 6-3은 투입 에너지를 CO_2 배출량으로 환산하여 표시한 것이다. 투입 에너지와 경향은 거의 같으나 단위 에너지당의 CO_2 배출량이 화석연료의 종류에 따라 다르므로 그것이 반영되어 있다.

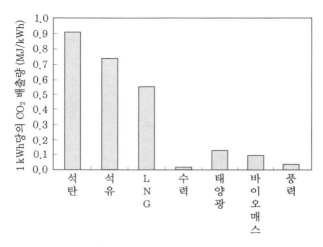

그림 6-3 **내용연수 30년일 때 1 kWh당 CO_2 배출량**

재생 가능 에너지에 의한 발전은 30년 동안 운용된다면 알짜 에너지 생산으로 이어진다는 것이 명확하게 밝혀졌다. 그러나 발전소 건설에 소요되는 투입 에너지양이 많다는 것은 내용연수가 짧으면 알짜 에너지 생산으로 이어지지 않는다는 것을 의미하고 있다. 그렇다면 건설 후 몇 년 정도 지나면 알짜 에너지 생산으로 이어질 것인가. 이것을 나타내는 지표가 에너지 페이백 타임 (payback time)이다.

6·4　에너지 페이백 타임

　에너지 페이백 타임 (payback time)은 발전소 건설에 소요되는 투입 에너지가 그 발전소에서 생산되는 전기 에너지의 몇 년분에 상당하느냐를 나타내는 연수이다. 그 이상의 연수를 운용하게 되면 알짜 에너지를 얻게 된다. 반대로, 그 이하의 내용연수에서는 발전소 건설에 투입된 에너지를 회수하지 못한다. 그림 6-4는 이 계산의 개념도이다. 또 여기서 가정한 재생 가능 에너지 발전에 의한 에너지 페이백 타임을 그림 6-5에 보기로 들었다.

　에너지 페이백 타임은 발전소 건설에는 많은 투입 에너지를 필요로 하고, 운용 때에는 에너지를 거의 필요로 하지 않는 재생 가능 에너지의 평가 지표이다. 그림을 통하여 건설 에너지를 회수하는 연수 (에너지 페이백 타임)는 바이오매스, 풍력, 수력이 작은 것을 알 수 있다. 그리고 태양광 발전은 재생 가능 에너지 중에서는 에너지 페이백 타임이 길고 생산 에너지에 대하여 투입 에너지가 큰 기술이라 할 수 있다.

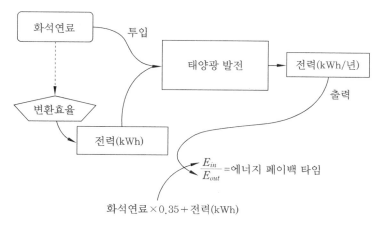

그림 6-4　**에너지 페이백 타임의 개념도**

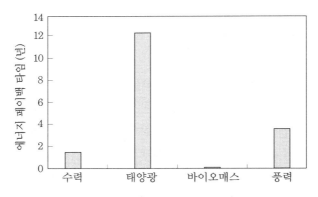

그림 6-5 **각 발전소의 에너지 페이백 타임**

6·5 CO_2 페이백 타임

재생 가능 에너지에 의한 발전은 CO_2의 배출이 없는 지구 온난화 대책의 기술로 기대되고 있다. 그러나 이제까지 기술한 바와 같이 발전소 건설에는 많은 에너지가 필요하고 그에 따라 CO_2도 배출된다. 이 재생 가능 에너지에 의한 발전소가 화석연료 사용 발전소를 대체하게 된다면 어느 정도의 CO_2 배출량 감축으로 이어질 것인가.

재생 가능 에너지를 이용하는 발전소를 건설할 때의 CO_2 배출량을 화석연료의 1년당 CO_2 배출량으로 나누어 얻는 연수가 CO_2 페이백 타임이다. 비교하는 단위를 일치시키기 위해 양쪽 모두 생산되는 전력 1 kWh의 CO_2 배출량으로 비교해 보자.

발전소 건설, 운용에 부수되는 CO_2 배출량은 에너지 소비량과 마찬가지로 라이프사이클 인벤토리(life cycle inventory) 분석기법을 써서 계산할 수 있다. 그림 6-6은 이 개념도이다.

재생 가능 에너지에 의한 발전은 건설이 완료되기까지 CO_2 배출량이 크지만(운용 초기의 CO_2 배출량이 크다) 운용을 위한 에너지 투입이 적어 운용연수를 거듭하여도 CO_2 배출량은 그다지 늘어나지는 않는다.

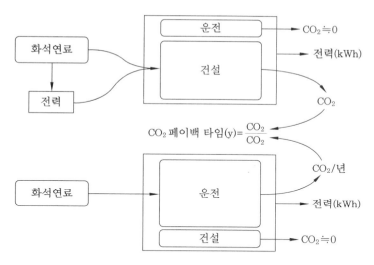

그림 6-6 **CO₂ 페이백 타임의 개념도**

한편, 화석연료 발전은 건설 완료까지의 에너지 투입량은 적지만, 화석연료를 연소하는 관계로 운용기간이 늘어날수록 CO_2의 배출량도 늘어난다. 이 양자의 교차점이 바로 CO_2 페이백 타임이다(그림 6-7 참조).

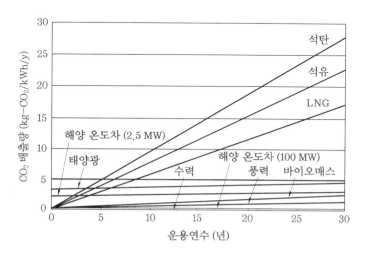

그림 6-7 **페이백 타임**

CO$_2$ 페이백 타임은 재생 가능 에너지 발전에 의해서 대체되는 화석 연료 발전소가 석탄을 사용하느냐, 석유를 연소하느냐, 천연가스를 연소하느냐에 따라 다르다. 왜냐하면 화석연료 발전소는 그 연료의 차이에 따라 1년간 배출되는 CO$_2$양이 다르기 때문이다.

해양 온도차 발전은 화석연료 대체 효과와는 별도로 해양 강제순환에 따른 삭감 효과도 고려해야 한다. 즉, 수 1000년 전의 대기 중 CO$_2$와 평형 상태에 있던 해양 심층수가 퍼올려짐으로써 물리적으로 CO$_2$가 흡수되는 효과가 있을 것으로 예측된다. 이 효과를 가한다면 내용 연수가 30년인 경우 건설에 관한 CO$_2$ 배출이 상쇄된다.

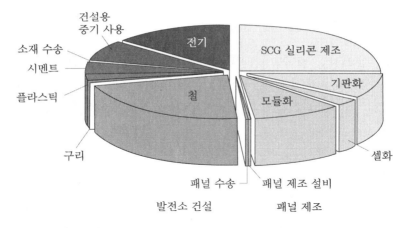

그림 6-8 **대규모 태양광 발전소를 건설하기까지의 CO$_2$ 배출 비율**

태양광 발전은 다른 재생 가능 에너지에 의한 발전에 비하여 CO$_2$ 페이백 타임이 크며, 석탄 연소 화력 발전을 대체하는 경우 약 4년간, 천연가스 연소 화력발전소를 대체하는 경우는 약 6년간, CO$_2$ 배출량 절감에 기여하지 못함을 알 수 있다. 이와 같은 관점에서는 재생 가능 에너지 중에서도 수력 발전, 바이오매스 발전, 특히 해양 온도차 발전이 유리하다 할 수 있다.

그러나 태양광 발전은 여기서 다른 재생 가능 에너지 중에서 수력 발전 다음으로 가장 활발하게 실용화 단계에 들어선 기술이다. 여기서는 태양광 패널을 설치하는 대규모 발전소를 다루었지만 이와 같은 발전소에서는 패널을 제작하기까지의 CO_2 배출량과 발전소를 건설할 때의 CO_2 배출량이 거의 같은 것으로 계산되었다.

발전소를 건설하지 않고 각 가정의 옥상에 설치한다면 패널을 설치할 때의 CO_2 배출량을 감소할 수 있다. 기술적인 향상과 사용법의 개선으로 에너지 페이백 타임과 CO_2 페이백 타임을 감소하는 것이 재생 가능 에너지 발전의 도입을 용이하게 하는 수단이다 (그림 6-8).

6·6 면적당 효율

이 장의 모두에서 기술한 바와 끝이 태양광 발전은 대규모의 면적을 필요로 하는 기술이다. 그림 6-9는 면적당 어느 정도 발전하는가를 평가하기 위해 태양광 발전소와 바이오매스 발전소의 에너지 페이백 타임과 필요 면적당 발전 전력량을 비교한 것이다.

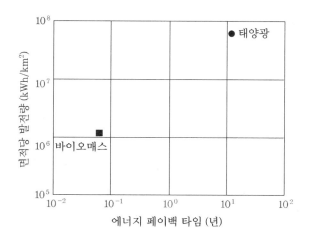

그림 6-9 **에너지 페이백 타임과 면적당 발전 전력량**

태양광 발전소는 다른 바이오매스 발전에 비하여 에너지 페이백 타임이 길지만 면적당 효율이 좋은 것을 알 수 있다. 태양광 발전이 다른 바이오매스 발전이나 재생 가능 에너지 발전에 비하여 실용화가 앞선 가장 큰 이유는, 면적이 적어도 되고 태양의 일사 에너지 이용률이 크기 때문이다. 화석연료 발전에 비하여 분명 큰 면적을 필요로 하는 것은 사실이지만 바이오매스 발전에 비하여 면적효율이 월등하게 큰 기술이다.

6·7 재생 가능 에너지에 대한 기대

여기서는 재생 가능 에너지를 이용하는 발전이 진실로 에너지 생산으로 이어지는가, 어느 정도 CO_2 배출 경감에 기여하는가를 평가하는 수단을 짚어 보겠다.

에너지 페이백 타임과 CO_2 페이백 타임에 의한 검토에서는 바이오매스 발전, 풍력 발전이 태양광 발전보다 우수한 것으로 판단되었다. 그러나 바이오매스 발전은 바이오매스 육성에 대규모 면적을 필요로 하는 어려움이 있다.

또 풍력 발전은 안정된 풍력을 얻을 수 있는 지역이 특정된다. 그리고 해양 온도차 발전은 규모를 크게 함으로써 에너지 페이백 타임과, CO_2 페이백 타임을 작게 할 수 있을 것으로 예견된다. 따라서 금후의 기술 개발이 중요하다.

태양광 발전은 바이오매스 발전이나 풍력 발전에 비하여 에너지 페이백 타임과 CO_2 페이백 타임이 모두 길지만 어디서나 사용할 수 있는 특성이 있다. 즉 건물의 옥상에 설치하는 등 사용형태를 연구함으로써 에너지 페이백 타임과, CO_2 페이백 타임을 작게 할 수 있다.

재생 가능 에너지의 한 가지 특징은 같은 기술일지라도 사용하는 장소에 따라 효율이 다른 점이다. 예를 들면 한국에서 제조된 같은 태양광 발전 패널일지라도, 한국에서 사용하는 것보다 일사량이 많고

강한 인도네시아에서 사용하는 편이 큰 발전 능력을 발휘한다. 또 지속적인 조림을 통한 바이오매스 발전은 식물의 성장이 빠른 열대지방이 유리하다.

재생 가능 에너지에 의한 발전을 도입하는 경우에는 무엇보다 그 효율을 최대한 얻을 수 있는 지역을 선택하는 것이 중요하다. 따라서 굳이 국내만을 고집할 필요 없이 세계적 안목에서 그 도입을 검토할 필요가 있다. 그리고 효과적인 도입과 도입 코스트의 다운을 위해서는 국제적 협력도 불가결하다.

에너지와 지구 환경문제는 인류 공통의 과제이다. 지구 규모의 시작에서 장기적인 개발이 요망된다.

재생 가능 에너지

2014년 1월 25일 인쇄
2014년 1월 30일 발행

저　자 : 과학나눔연구회 정해상
펴낸이 : 이정일

펴낸곳 : 도서출판 일진사
www.iljinsa.com
140-896 서울시 용산구 효창원로 64길 6
전화 : 704-1616/팩스 : 715-3536
등록 : 제1979-000009호 (1979.4.2)

값 15,000 원

ISBN : 978-89-429-1305-3